초등 저학년 모르고 넘어가면 큰일 나는
하루 10분 마음대화

하루 10분 마음대화
: 초등 저학년 모르고 넘어가면 큰일 나는

초판 1쇄 인쇄 2024년 11월 15일
초판 1쇄 발행 2024년 11월 22일

지은이 이주영, 좌승협, 서휘경, 이윤희
펴낸이 박지혜

기획·편집 박지혜　**마케팅** 윤해승, 장동철, 윤두열　**경영지원** 황지욱
디자인 this-cover
제작 한영문화사

펴낸곳 ㈜멀리깊이
출판등록 2020년 6월 1일 제406-2020-000057호
주소 03997 서울특별시 마포구 월드컵로20길 41-7, 1층
전자우편 murly@humancube.kr
편집 070-4234-3241　**마케팅** 02-2039-9463　**팩스** 02-2039-9460
인스타그램 @murly_books

ISBN 979-11-91439-55-7 03590

초등 저학년 모르고 넘어가면 큰일 나는

하루 10분 마음대화

이주영·최승환·서희정·이윤희 지음

멀리깊이

이 책의 활용법

① 아이의 성장 속도에 맞게 선별한 52주 260개 질문과 52개의 주말 편지를 실었습니다. 하루 한 번, 아이의 마음과 상황을 살필 수 있는 질문을 던져 주세요. 새해 첫날부터 보셔도 좋고, 아이의 상태에 맞게 골라서 질문하셔도 좋습니다.

아이의 대답을 체크하고 엄마아빠의 대답도 체크해 주세요. 함께 대화하는 게 중요합니다.

월요일 ·관계·

오늘 가장 먼저 인사 나눈 친구는 누구야? ①

②

👥👥
- ☐ ☐ 친구 ○○○와/과 인사했어요.
- ☐ ☐ 친구 여러 명과 인사해서 기억이 잘 안 나요.
- ☐ ☐ 제가 좋아하는 친구가 먼저 인사해 줘서 기분이 좋았어요.

선생님의 제안

학교에 가서 친구와 하는 첫인사는 교우관계 형성에 매우 중요합니다. 첫인사를 잘하면 친구와 사이도 좋아지고 웃으며 다양한 이야기를 할 수 있기 때문이지요. 첫인사의 중요성을 아이에게 설명해 주세요.

이렇게 해 볼까?

처음 눈을 마주치는 친구에게 용기 내서 "안녕?" 하고 반갑게 인사해 봐. 친구도 기분 좋게 하루를 시작할 수 있을 거야.

한 줄 반짝이는 생각

친구를 만나면 용기를 내서

_____

이라고 말할 거예요.

② 엄마아빠와 아이가 함께 예문을 고르면서 아이는 엄마아빠의 현명한 조언을 엄마아빠는 아이의 솔직한 마음을 들을 수 있습니다. 예시에 해당하는 대답이 없다면 예시를 바탕으로 자연스럽게 그 날 있었던 이야기를 나눠 주세요.

③ 아이의 마음을 듣고 어떤 말을 해줘야 할지 모르겠을 때, 선생님의 제안을 읽어 보세요. 학교에서 우리 아이들의 고민과 상황을 가장 많이 지켜보는 선생님들이 적절한 답안을 제시했습니다.

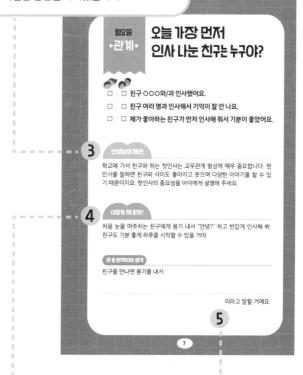

월요일
•관계•

오늘 가장 먼저 인사 나눈 친구는 누구야?

□ □ 친구 ○○○와/과 인사했어요.
□ □ 친구 여러 명과 인사해서 기억이 잘 안 나요.
□ □ 제가 좋아하는 친구가 먼저 인사해 줘서 기분이 좋았어요.

3 선생님의 제안

학교에 가서 친구와 하는 첫인사는 교우관계 형성에 매우 중요합니다. 첫인사를 잘하면 친구와 사이도 좋아지고 웃으며 다양한 이야기를 할 수 있기 때문이지요. 첫인사의 중요성을 아이에게 설명해 주세요.

4 이렇게 해 볼까?

처음 눈을 마주치는 친구에게 용기 내서 "안녕?" 하고 반갑게 인사해 봐. 친구도 기분 좋게 하루를 시작할 수 있을 거야.

한 줄 반짝이는 생각

친구를 만나면 용기를 내서

이라고 말할 거예요.

5

7

④ 아이에게 "내일은 이렇게 해 볼까?" 제안해 주세요. 아이가 안고 있는 고민과 문제를 조금씩 해결하도록 돕습니다.

⑤ 한 줄 글짓기를 해봅니다. 아이 스스로 더 좋은 해결책을 찾아낼 수 있어요!

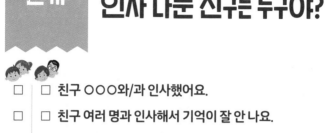

월요일
•관계•

오늘 가장 먼저
인사 나눈 친구는 누구야?

☐　☐ 친구 ○○○와/과 인사했어요.

☐　☐ 친구 여러 명과 인사해서 기억이 잘 안 나요.

☐　☐ 제가 좋아하는 친구가 먼저 인사해 줘서 기분이 좋았어요.

선생님의 제안

학교에 가서 친구와 하는 첫인사는 교우관계 형성에 매우 중요합니다. 첫인사를 잘하면 친구와 사이도 좋아지고 웃으며 다양한 이야기를 할 수 있기 때문이지요. 첫인사의 중요성을 아이에게 설명해 주세요.

이렇게 해 볼까?

처음 눈을 마주치는 친구에게 용기 내서 "안녕?" 하고 반갑게 인사해 봐. 친구도 기분 좋게 하루를 시작할 수 있을 거야.

한 줄 반짝이는 생각

친구를 만나면 용기를 내서

이라고 말할 거예요.

새 친구를 만났을 때 뭐라고 인사하고 싶어?

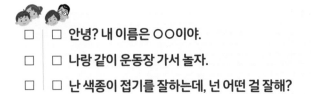

- ☐ ☐ **안녕? 내 이름은 ○○이야.**
- ☐ ☐ **나랑 같이 운동장 가서 놀자.**
- ☐ ☐ **난 색종이 접기를 잘하는데, 넌 어떤 걸 잘해?**

선생님의 제안

아이의 성향에 따라 새 친구 사귀는 것을 어려워할 수 있습니다. 먼저 용기 내서 다가가는 방법을 알려주세요. 먼저 인사하기, 내 이름 알려 주기, 같이 놀자고 말해 주기 등 새 친구에게 먼저 다가가 말 한마디 건넬 수 있는 용기를 북돋워 주세요.

이렇게 해 볼까?

새 친구가 궁금하지 않아? 친구에게 "안녕?"이란 인사와 내 소개를 해 보는 건 어떨까? 만약 용기가 없으면 다른 친구와 함께 가서 같이 놀자고 먼저 이야기해 봐. 아마 친구도 너의 인사를 기다리고 있을지 몰라.

한 줄 반짝이는 생각

나랑 같이 놀래? 우리

하자.

엄마가 알아야 할 알림장 내용이 있니?

- ☐ ☐ **숙제랑 준비물이 있어요.**
- ☐ ☐ **알림장에 부모님 확인을 받아오라고 하셨어요.**
- ☐ ☐ **알림장이 어디 갔는지 모르겠어요.**

선생님의 제안

알림장은 숙제나 준비물을 전달하는 역할뿐 아니라, 학교와 가정이 소통하는 역할도 하기 때문에 매일 확인해야 합니다. 알림장을 확인할 때는 부모님이 먼저 꺼내기보다 아이가 직접 꺼내 내용을 확인할 수 있도록 도와주세요. 스스로 알림장을 보며 준비물을 챙기는 아이가 될 수 있도록 격려해 주세요.

이렇게 해 볼까?

학교에 다녀와서 가장 먼저 할 일은 알림장을 꺼내 놓는 일이야. 알림장을 천천히 읽고 준비물과 숙제 등이 무엇인지 엄마에게 말해 봐. 혼자서 알림장을 보고 내일 등교를 준비하는 멋진 어린이가 되자.

한 줄 반짝이는 생각

오늘 알림장에서 가장 중요한 내용은

이에요.

친구가 힘들어할 때
어떤 말을 하면 좋을까?

☐ ☐ 괜찮아? 내가 도와줄까?

☐ ☐ 선생님께 도와 달라고 해 보자.

☐ ☐ 쉬는 시간에 나랑 같이 놀래?

선생님의 제안

힘들어하는 친구를 발견하고, 그 친구에게 따뜻한 말을 할 수 있는 용기가 필요합니다. 주변 사람에게 관심을 갖고 긍정적인 에너지를 주는 아이로 성장할 수 있게 해 주세요.

이렇게 해 볼까?

힘들어하는 친구를 발견했을 때 친구에게 "괜찮아?"라고 물어보자. 친구가 힘이 날 거야! 또 네가 힘들 때 친구가 도와줄 거야!

한 줄 반짝이는 생각

친구가 힘들어할 때는

(이)라고 말할래요.

우리 집에 친구가 놀러 온다면 무엇을 같이 하고 싶어?

- ☐ ☐ 내가 좋아하는 장난감을 가지고 같이 놀고 싶어요.
- ☐ ☐ 맛있는 음식을 같이 먹고 싶어요.
- ☐ ☐ 친구와 함께 게임을 할래요.

선생님의 제안

아이들이 친구와 어떤 활동을 하며 시간을 보내는 것을 선호하는지 파악할 수 있습니다. 집의 어떤 공간을 소개하고 싶은지, 먹고 싶은 음식은 무엇인지 질문하며 아이와 자연스럽게 대화를 나누어 보세요. 게임을 하고 싶어 하는 아이에게는 잔소리보다는 바깥 놀이나 보드게임을 권유해 볼 수도 있습니다.

이렇게 해 볼까?

평소 친구와 무엇을 하고 노는 것을 좋아하니? 초대하고 싶었던 친구에게 용기를 내서 함께 놀자고 말해 보자. 소중한 집에서 특별한 시간을 보내면 더 친해질 수 있어.

한 줄 반짝이는 생각

친구가 우리 집에 놀러 온다면

을/를 하고 싶어요.

'열린 질문'으로
대화를 시작하세요

자녀와 대화할 때, 어떤 점이 가장 어려우신가요? 혹시 대화가 뚝, 뚝, 끊기지는 않나요?

자녀와 대화를 이어 나가기 위해서는 부모님의 '질문'이 중요합니다. 우리 아이가 다양한 생각을 할 수 있도록 열린 질문을 해 주세요. 하지만 열린 질문이라고 해서 막연하게 "오늘 학교에서 뭐 배웠어?"라고 질문한다면, 자녀의 머릿속에선 학교에서 일어난 모든 일들이 뒤죽박죽 떠오르거나 반대로 머릿속이 하얘지기도 합니다. 그래서 구체적인 질문이 필요합니다. "오늘 국어 시간에는 어떤 이야기를 읽었어?", "수학 시간에 배운 내용 중 가장 재미있었던 건 뭐였어?"와 같이 물어보세요. 구체적인 질문으로 학교생활에 대한 부모님의 관심을 표현할 수도 있습니다.

자녀의 관심사에 대해 물어보는 것도 좋습니다. 좋아하는 것에 대해서는 잘 이야기할 수 있기 때문입니다. 좋아하는 과목, 친한 친구, 취미 등에 대해 이야기를 나누다 보면 자연스럽게 대화가 이어집니다. 아이의 관심사를 기억하는 것은 사랑을 표현하는 방법이기도 합니다.

열린 질문이 어렵게 느껴지시나요? 그렇다면 "친구랑 무슨 놀이를 해서 기분이 좋았어?"와 같이 자녀의 대답을 계속 이끌어 낼 수 있는 질문을 던져주세요.

짧은 시간이라도 매일 대화 시간을 가지는 습관을 들이는 것이 중요합니다. 바쁜 일상이지만, 아이와 짧게라도 소통하기 위해 노력하는 부모님의 모습을 보여주세요. 가족 모두가 함께 대화 나누는 시간을 가져 보는 것도 좋습니다. 부모님이 대화하며 공감해 주는 모습은 아이에게 큰 안정감을 줍니다. 대화를 통해 부모님과 우리 아이 사이에 긍정적인 관계를 만들어 나가시길 바랍니다.

월요일 •태도•

선생님께서 내 말을 못 들으셨을 때 어떻게 하면 좋을까?

- ☐ ☐ 다시 가서 크게 말씀드릴래요.
- ☐ ☐ 그냥 말씀드리지 않고 넘어갈래요.
- ☐ ☐ 망설이다가 그냥 지나가서 선생님께 서운했어요.

선생님의 제안

교사가 아이의 말에 집중하기 어려운 상황이거나 다른 아이와 먼저 이야기를 나누고 있을 경우, 선생님이 자신의 말을 듣지 않았다고 느낄 때가 있습니다. 아이의 서운한 마음을 다독이되, 선생님의 상황을 이해하고 예의를 갖추어 다시 한 번 말하도록 설명해 주세요. 아직 의사를 전달하는 것이 서툰 아이의 경우, 선생님께 쪽지를 써서 전달할 수 있습니다.

이렇게 해 볼까?

선생님께서 말을 잘 못 들어서 서운했겠구나. 다른 일로 바쁘셨나 봐. 선생님이 바쁘지 않으실 때 다시 한 번 이야기해 볼래? 어려우면 쪽지로 써 보렴. 꼭 읽어 주실 거야.

한 물 반짝이는 생각

선생님,

주세요.

우리 가족을 동물로 소개해 볼까?

☐ ☐ 우리 가족은 캥거루 가족 같아요.

☐ ☐ 우리 가족은 펭귄 가족 같아요.

☐ ☐ 우리 가족은 돌고래 가족 같아요.

선생님의 제안

아이들은 동물을 좋아합니다. 자신이 좋아하는 동물을 가족과 연관 짓는 활동을 하면 아이가 우리 가족의 어떤 점을 좋아하는지를 파악하는 데 도움이 됩니다. 동물을 좋아하지 않는 아이라면 공룡, 식물, 곤충 등 좋아하는 관심사로 소재를 바꿔 주세요.

이렇게 해 볼까?

동물이 잘 생각나지 않으면 물건이나 식물 등을 한 번 떠올려 봐. 우리 가족의 모습과 닮은 것을 금방 생각할 수 있을 거야.

한 줄 반짝이는 생각

우리 가족이 있어 내 마음이

해요.

오늘 누구랑 재미있게 놀았어?

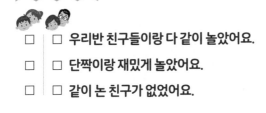

- ☐ ☐ 우리반 친구들이랑 다 같이 놀았어요.
- ☐ ☐ 단짝이랑 재밌게 놀았어요.
- ☐ ☐ 같이 논 친구가 없었어요.

선생님의 제안

친구관계에 대한 질문은 처음부터 구체적으로 하기보다는 평범한 질문에서 시작하여 구체적인 질문으로 좁혀 나가는 것이 좋습니다. 또한 이미 친하게 지내는 친구 외에도 다른 아이들에 대한 경험을 떠올리게 하면서 친구관계를 넓혀볼 수 있도록 하는 것이 좋습니다.

이렇게 해 볼까?

여러 친구들과 두루두루 어울리는 것도 즐거운 경험이 될 거야. 다른 친구와는 무엇을 하면서 놀 수 있을지 생각해 볼까? 내일은 네가 함께 놀고 싶은 친구가 무엇을 하며 놀았는지 살펴보고 알려줘.

한 줄 반짝이는 생각

내일은 친구와

하면서 놀아 볼래요!

단짝 친구가 뭐라고 생각해?

- ☐ | ☐ 나랑 제일 가깝고 많이 노는 친구요.
- ☐ | ☐ 저한테 꼭 필요한 친구가 단짝 친구예요.
- ☐ | ☐ 친한 친구는 많은데 단짝 친구가 누구인지 잘 모르겠어요.

선생님의 제안

친구관계는 학교생활에서 큰 부분을 차지합니다. 초등학교 저학년 시기는 자신에게 집중되어 있던 관심사가 주변에 있는 친구로 확장되어 가는 시기입니다. 아이와 단짝 친구에 대한 대화를 나누며 아이의 사회성 발달 정도를 확인하는 것이 중요합니다.

이렇게 해 볼까?

단짝 친구가 없다고 속상해하지 않아도 돼. 하지만 더 친해지고 싶고 가까워지고 싶은 친구가 있다면 먼저 다가가 볼까?

한 줄 반짝이는 생각

단짝 친구란

한 친구입니다.

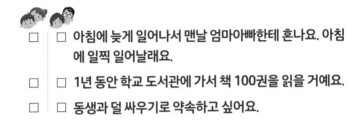

금요일
•자존감•

올 한 해 꼭 이루고 싶은 일이 있어?

- [ ] [ ] 아침에 늦게 일어나서 맨날 엄마아빠한테 혼나요. 아침에 일찍 일어날래요.
- [ ] [ ] 1년 동안 학교 도서관에 가서 책 100권을 읽을 거예요.
- [ ] [ ] 동생과 덜 싸우기로 약속하고 싶어요.

선생님의 제안

아이에게 스스로 목표를 세우도록 하면 지키기 어려울 정도로 지나치게 큰 목표를 세우는 경우가 있습니다. 그런 목표는 세우는 의미가 없습니다. 지키기 어렵기 때문입니다. 구체적인 실천 목표를 세우거나 단기 목표를 세워 성취감을 느끼고 큰 목표까지 도달할 수 있도록 해 주세요.

이렇게 해 볼까?

목표를 달력에 잘 보이게 써 볼까? 목표를 달성하기 위해 매일 또는 매주 어떤 일을 하면 좋을까?

한 줄 반짝이는 생각

올해 내가 꼭 이루고 싶은 목표는

입니다.

이런 질문은
아이를 슬프게 해요!

아이와 대화하며 피해야 하는 질문에는 무엇이 있을까요?

1. "너는 왜 그런 식으로 행동해?"
이 질문은 아이가 왜 그런 행동을 했는지 알기 위한 질문일까요? 아닙니다. 아이를 비난하기 위한 질문입니다. 잘못된 행동이나 말을 했다면 질문하기보다는 그 행동이나 말이 잘못되었다고 알려주세요. 스스로 이유를 알기 어려운 채로 비난부터 받은 아이는 더 이상 부모님과 대화하고 싶어 하지 않습니다.

2. "너는 왜 못해?"
비교는 어른에게도 부정적인 힘을 발휘합니다. 자존감을 떨어뜨리고 열등감을 불러일으켜 비교되는 대상을 괜히 미워하게 합니다. 비교 대상이 과거의 자신이 될 수 있게 해 주세요. 그래서 과거의 나보다 성장할 수 있도록 독려해 주세요.

3. "너는 그때 그냥 가만히 있었어?"
때때로 내 아이가 같은 학급 친구들로부터 놀림의 대상이 되거나, 친구들과 다투고 올 수도 있습니다. 그때 "너는 친구가 놀리는데도 그냥 가만히 있었어?"라는 질문은 상처받은 아이를 더 위축되게 만듭니다. 위축된 아이는 부모님에게 위로를 받고 싶어합니다. 위축된 상태에서는 솔직하게 대화할 수 없어요.

위 질문들의 공통점은 무엇일까요? 바로 아이의 대답을 듣고자 하는 질문이 아니라는 것입니다. 아이가 대답하길 바란다면 판단하고 추궁하는 질문은 피해 주세요.

나랑 다르다고 생각한 친구가 있어?

- ☐ ☐ 저는 운동장에서 노는 게 좋은데 친구는 교실이 좋대요.
- ☐ ☐ 친구는 축구를 잘하는데 저는 종이접기를 잘해요.
- ☐ ☐ 친구는 안경을 썼는데 저는 안 써요.

선생님의 제안

어른들도 흔히 '틀림'과 '다름'을 혼동해서 사용합니다. 친구와 다른 것은 나쁜 것이 아니지만, 다르기 때문에 친해지기 어려울 수도 있습니다. 또 다르기 때문에 더 친해질 수도 있습니다. 자기와 맞지 않는 친구는 무조건 멀리하는 아이들도 있습니다. 자기와 다른 친구를 멀리하기보다는 서로 다르기 때문에 더 좋은 친구가 될 수도 있다는 사실을 알려주세요.

이렇게 해 볼까?

너와 친구가 달라서 그 친구가 이해되지 않고 속상할 때가 있구나. 우리는 모두 다르기 때문에 그럴 수 있어. 다르다고 생각한 친구와 비슷한 점은 무엇이었는지 생각해 볼까? 그 친구를 이해하는 데 도움이 될 거야.

한 줄 반짝이는 생각

친구와 내가 똑같지 않지만 우리는

이/가 달라서 더 좋은 친구.

방 청소는 어떤 순서대로 하는 것이 좋을까?

☐ ☐ 내 방을 청소할 때는 내가 하고 싶은 대로 해요.

☐ ☐ 방에서 제일 지저분한 것부터 치워요.

☐ ☐ 먼저 침대를 정리한 후 책상과 바닥을 청소해요.

선생님의 제안

아이가 스스로 정리정돈하는 습관을 기르는 데 도움이 되는 질문입니다. 가정에서 만든 좋은 습관은 학교생활로도 이어지는 경우가 많습니다. 청소의 순서나 방법에 대한 대화를 통해 정해진 공간을 스스로 청소할 수 있는 습관을 만들어 주세요.

이렇게 해 볼까?

큰 물건부터 정리하고, 작은 물건을 나중에 정리하는 게 좋겠지? 오늘은 엄마아빠랑 같이 청소해 보고 다음에는 스스로 해 볼까?

한 줄 반짝이는 생각

내 방을 깨끗하게 하는 나만의 방법은

입니다.

수요일
•태도•

아침에 눈 뜨면 제일 먼저 무얼 하는 게 좋을까?

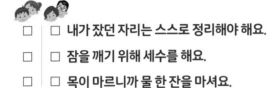

- ☐ ☐ 내가 잤던 자리는 스스로 정리해야 해요.
- ☐ ☐ 잠을 깨기 위해 세수를 해요.
- ☐ ☐ 목이 마르니까 물 한 잔을 마셔요.

선생님의 제안

아이들의 경우, '아침에 눈을 뜨면 무엇부터 해야 할까?'라는 생각을 잘 하지 않습니다. 아침에 일어나서 해야 하는 일을 생각하고 행동으로 옮기는 습관은 매우 중요합니다. 매일 아침에 일어나 자신만의 긍정적인 습관 한 가지로 하루를 시작하면, 다른 어려운 일도 금세 좋은 습관으로 만들 수 있습니다.

이렇게 해 볼까?

좋은 습관을 만드는 것은 매우 중요해. 아주 간단한 것이라도 좋아. 네가 실천할 수 있는 걸로 생각해 보자. 충분히 할 수 있어.

한 줄 반짝이는 생각

매일 아침에 일어나서

연습을 할 거예요.

지난 일주일 동안 읽은 책 중 어떤 책이 가장 재미있었어?

- ☐ ☐ 다른 책도 좋지만 만화책이 제일 재밌었어요.
- ☐ ☐ 그림책을 읽을 때가 재밌었어요.
- ☐ ☐ 주인공이 모험을 떠나는 이야기 책이요.

선생님의 제안

어떤 책을 읽는지 확인하는 것은 아이의 언어 발달과 감상능력 성장 정도를 파악하는 데 도움이 됩니다. 아이가 평소 책을 즐겨 읽는다면, 아이가 즐겨 읽는 책의 내용을 확인하고 어떤 점이 재미있었는지 느낀 점을 물어보면서 대화를 확장시킬 수 있습니다.

이렇게 해 볼까?

책을 더 재미있게 읽으려면 같은 주제의 다른 책을 읽어 보는 것도 좋은 방법이야! 다른 책도 읽어 볼까? 어떤 책을 읽고 싶은지 골라 볼래?

한 줄 반짝이는 생각

내가 읽어 보고 싶은 책은

입니다.

튼튼한 몸을 위해서 무엇이 필요할까?

- ☐ ☐ 맛있는 밥을 골고루 많이 먹는 거요.
- ☐ ☐ 놀이터에 가서 놀기도 하고 운동도 해야 해요.
- ☐ ☐ 밤에 너무 늦게 자지 않고 일찍 자야 해요.

선생님의 제안

성장기에는 골고루 먹는 것이 중요합니다. 골고루 먹기의 중요성을 알고 있지만 실천하기 어려워한다면, 식습관 달력을 만들어 골고루 먹은 날을 표시해 보세요. 달력에 먹은 음식을 색칠하며 건강한 식습관을 기르기 위한 동기를 부여할 수 있습니다. 규칙적인 운동, 일찍 잠자리에 들기 등의 습관을 기록해 보는 것도 좋습니다.

이렇게 해 볼까?

달력에 오늘 먹은 음식을 체크해 볼까? 고기는 빨간색, 생선은 파란색, 채소는 초록색으로 칠하는 거야. 이번 달엔 어떤 색 음식을 많이 먹었는지 확인해 보자.

한 줄 반짝이는 생각

튼튼한 나를 위해

할래요.

엄마의 이런 대답이
아이의 말문을 막히게 해요

아이를 키우면서 가장 두려워해야 하는 상황은 바로 아이가 더 이상 부모와 대화하기를 원치 않는 것입니다. 자녀가 입을 닫는 가장 큰 이유는 바로 '부모의 대답'입니다. 어떤 대답이 아이를 침묵하게 만들까요?

1. "엄마가 너를 위해서 하는 말이야."

엄마의 입장을 자녀에게 강요하는 것처럼 들리기 쉽습니다. 정말로 자녀를 생각한다면 우선 들어주세요.

2. "네가 아직 어려서 몰라서 그래."

어린 자녀가 미성숙한 것은 당연합니다. 하지만 자녀의 입장에서는 부모님에게 존중받지 못한다고 생각할 수 있어요. 자녀가 느끼고 바라보는 시각은 자녀에게 들어야만 알 수 있습니다.

3. "엄마아빠가 어렸을 때는 말이야."

엄마아빠의 초등학교 시절 경험은 자녀에게 흥미 있는 전래 동화처럼 들립니다. 하지만 부모님의 경험을 현재의 자녀와 비교하고 평가하기 위해 이야기한다면 좋은 이야기가 되기 어려워요.

4. "어른이 하는 말이 맞으니까 들어."

자녀의 문제는 어른의 권위로 해결하기 어려워요. 자녀의 문제를 함께 해결하는 조력자가 되어 주셔야 합니다.

아이가 바르지 않은 가치관을 가지고 말을 하더라도 우선 들어주세요. 바르지 않은 부분을 바꿔주려 하기 전에 먼저 어떤 가치관을 가지고 있으며 어떤 감정 상태인지 부모님이 아는 것이 필요합니다. 그 후 질문과 대화를 통해서 왜 그런 마음을 가지게 되었는지 파악해 주세요. 그 다음에 아이가 잘못된 생각을 가지고 있다면 옳은 시각과 옳지 않은 시각을 구분해 주세요. 아이가 아직 어려도 왜곡된 신념을 바로 바꾸기 어려울 수 있어요. 그렇기 때문에 꾸준한 대화가 필요합니다.

오늘 선생님 말씀 중에 가장 기억에 남는 건 뭐야?

- ☐ ☐ **안전이 가장 중요하다고 말씀하셨어요.**
- ☐ ☐ **수업 중에 다른 친구의 말을 잘 들어주라고 하셨어요.**
- ☐ ☐ **발표를 잘했다고 칭찬해 주셨어요.**

선생님의 제안

선생님은 아이에게 많은 영향을 주는 분입니다. 아이들은 선생님의 말과 행동 하나하나를 기억하고 따르려고 노력합니다. 선생님이 한 말씀 중 가장 기억에 남는 것을 물어보면, 아이가 선생님과 어떤 관계를 형성하고 있는지, 평소에 선생님의 이야기를 귀담아듣고 있는지 알 수 있습니다.

이렇게 해 볼까?

선생님 말씀이 잘 기억 안 나도 괜찮아. 내일은 선생님 말씀 중에 한 가지를 기억해서 말해 줘. 그 내용을 엄마와 함께 이야기해 보면 어떨까?

한 줄 반짝이는 생각

선생님은 우리를 지켜주는

이에요.

요즘 걱정되거나 고민되는 일이 있니?

- ☐ ☐ 좋아하는 친구랑 앉고 싶어요.
- ☐ ☐ 받아쓰기가 어려워서 많이 틀려요.
- ☐ ☐ 학원을 많이 다녀서 힘들어요.

선생님의 제안

아이들의 고민은 많습니다. 어린 줄만 알았던 내 아이도 학교생활을 시작하면서 친구, 공부, 학원 등 다양한 원인 때문에 고민합니다. 아이의 고민을 듣고 "엄마가 어떻게 도와줄까?"라고 묻거나 "엄마의 도움이 필요하면 이야기해."와 같이 대답해 주세요. "안 돼, 학원은 다녀야 해."와 같은 부정적인 표현은 줄이는 것이 좋아요.

이렇게 해 볼까?

고민이 있을 때는 친구나 엄마에게 이야기해 봐. 해결하지 못해도 고민을 털어놓으면 마음이 편해질 수 있어.

한 줄 반짝이는 생각

엄마, 저 고민이 있어요. 제 고민은

이에요.

최근 가장 화났던 일은 무엇이었어?

- ☐ ☐ 친구랑 싸웠을 때 화가 엄청 났어요.
- ☐ ☐ 동생이 장난감을 빼앗아 갔을 때 화가 많이 났어요.
- ☐ ☐ 형이 한 일인데 내가 혼나서 모두에게 화가 났어요.

선생님의 제안

'화'도 필요한 감정입니다. 그렇기 때문에 화를 참기만 하는 것 역시 옳지 않습니다. 다만 사회성이 발달하는 시기가 되어서도 소리를 지르거나 물건을 던진다면 행동에 대한 교정이 필요합니다. 화가 나더라도 하면 안 되는 행동을 단호히 알려주시고 건강한 감정 표현법을 알려주세요.

이렇게 해 볼까?

화난 마음을 꾹 참고 쌓아만 두면 친구와 계속 친하게 지내기 힘들 수 있어. 자꾸 친구가 나를 화나게 하는 말이나 행동을 한다면 어떤 말이나 행동이 화가 나는지 알려줘. 너무 화가 많이 나서 큰소리를 지르고 싶을 때는 눈을 감고 1부터 10까지 세어 보는 것도 좋아. 마음이 진정될 거야.

한 줄 반짝이는 생각

화가 났을 때는 먼저

할래요.

어떤 어른이
좋은 어른일까?

- ☐ ☐ 우리 엄마아빠 같은 어른이요.
- ☐ ☐ 저를 혼내지 않고 무섭지 않은 사람이 좋은 어른이에요.
- ☐ ☐ 모르는 게 있으면 잘 알려주는 어른이요.

선생님의 제안

아직 어른에 대한 개념이 명확하지 않을 시기입니다. 어른의 정의를 알려주기보다는 어른들이 어린이를 보호하고 응원하고 있음을 알려주세요. 또한 주변의 어른을 보며 '어른들은 이렇구나.'라고 생각하는 때입니다. 부모님이 좋은 어른의 롤모델이 되어 주세요.

이렇게 해 볼까?

우리 OO이도 좋은 어른이 되면 좋겠어! 우리 OO이/가 좋은 어른으로 자라도록 엄마아빠가 어떤 어른이 되어주면 좋을까?

한 줄 반짝이는 생각

나는 자라서

한 어른이 되고 싶어요.

올해 꼭 해내고 싶은 일이 있어?

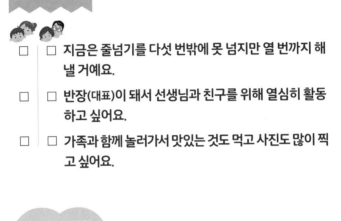

☐ ☐ 지금은 줄넘기를 다섯 번밖에 못 넘지만 열 번까지 해
    낼 거예요.

☐ ☐ 반장(대표)이 돼서 선생님과 친구를 위해 열심히 활동
    하고 싶어요.

☐ ☐ 가족과 함께 놀러가서 맛있는 것도 먹고 사진도 많이 찍
    고 싶어요.

선생님의 제안

아이들에게 올해 꼭 해내고 싶은 말을 물어보면 줄넘기 열 번 넘기, 달리기
1등 하기, 반장 되기 등 이루어 내고 싶은 것들을 많이 이야기합니다. 학교
일 이외에 가족과 함께 무언가를 하고 싶어 하는 마음을 표현할 경우, 계획
을 세워 우리 아이가 바라는 일을 꼭 해낼 수 있게 도와주세요.

이렇게 해 볼까?

올해 꼭 하고 싶은 일이 있어? 그 일을 해내면 기분이 무척 좋을 것 같지
않아? 오늘부터 차근차근 준비하면 해낼 수 있을 거야! 같이 도전해 보자!

한 줄 반짝이는 생각

내가 올해 도전하고 싶은 일은

_____

(이)에요.

등교할 때 엄마와
헤어지는 걸 어려워해요

초등학교 1학년의 경우 3월은 적응 기간입니다. 이 기간에 많은 1학년 학생들이 교문 앞에서 엄마의 손을 놓지 못하고 눈물을 보이는 경우가 많습니다. 대부분은 시간이 약이지만 몇몇 아이들은 3월이 지나도 등교 때마다 전쟁을 치러야 하는 경우가 있습니다. 아이의 성향에 따라 해결 방법이 다를 수 있지만 한 번쯤 사용해 볼 만한 방법을 소개해 드리겠습니다.

1. 우리 아이의 감정을 이해하고 격려해 주세요.

아침에 학교에 간다는 게 쉽지 않다는 걸 이해해야 합니다. '다른 아이들은 저렇게 등교를 잘하는데 왜 우리 아이만 우는 거야?' 짜증이 날 수도 있습니다. 하지만 아이가 힘들어하는 부분을 이해하고 어떤 점이 힘든지 들어주세요. 그리고 그 순간 바로 아이의 감정을 다독여줄 필요가 있습니다. 아이에게 질문해 주세요. "학교 등교할 때 어떤 점이 힘들어? 엄마아빠가 네 이야기를 듣고 도와줄게! 엄마 믿지?" 아이의 힘든 점을 듣고 엄마가 도움을 줄 거라는 확신을 주는 것이 좋습니다.

2. 일관된 작별 인사를 만들어 보세요.

"좋은 하루 보내!", "오늘 하루도 파이팅!"과 같은 응원의 말이나 하이파이브 등 헤어질 때 하는 작별 인사 루틴을 만드는 걸 추천해 드립니다. 아이에게 "이제 우리는 헤어져야 해. 하지만 곧 만날 거야."라는 말을 작별 인사에 담을 수 있습니다.

처음에는 아이도 시큰둥하겠지만 매일매일 반복해 보세요. 짧은 인사를 통해 아이는 성장하고 엄마아빠도 기분 좋아지는 하루를 만들 수 있습니다.

학예회 때 발표하고 싶은 공연이 있어?

- ☐ ☐ 제가 좋아하는 노래를 부르고 싶어요.
- ☐ ☐ 친구들과 연습한 춤을 모두 앞에서 멋지게 추고 싶어요.
- ☐ ☐ 학원에서 열심히 연습한 태권도를 보여주고 싶어요.

선생님의 제안

친구들 앞에서 자신의 끼를 보여주는 것은 아이의 자존감 향상에 큰 도움이 됩니다. 아이가 하고 싶은 게 없다고 할 경우, 왜 잘하는 게 없냐고 실망한 티를 내기보다는 아이가 잘할 수 있는 일을 함께 생각해 주세요. 요즘은 학교에서 직접 공연하는 대신 영상으로 찍어서 제출하는 경우도 많습니다. 친구들 앞에 서기 어려운 아이의 경우, 영상을 찍어 보는 걸 추천합니다.

이렇게 해 볼까?

올해 친구들 앞에서 뽐내고 싶은 일을 한 번 종이에 적어 볼까? 어떤 일이든지 차근차근 연습하면 모두 해낼 수 있을 거야. 지금은 비록 서툴겠지만, 포기하지 말고 끝까지 해 보자.

한 줄 반짝이는 생각

제가 제일 잘하는

을/를 친구들 앞에서 멋지게 보여줄래요.

엄마아빠와 같이
만들고 싶은 음식이 있어?

- ☐ ☐ 주말에 아빠와 먹었던 요리를 다시 하고 싶어요.
- ☐ ☐ 엄마가 소풍갈 때 싸 주셨던 김밥을 만들어 보고 싶어요.
- ☐ ☐ 샌드위치를 만들어서 가족과 맛있게 먹고 싶어요.

선생님의 제안

요리는 함께 대화하기 정말 좋은 활동입니다. 요리를 하는 과정, 요리할 때 느낀 점, 경험한 점 등 다양한 대화 소재를 찾을 수 있습니다. 아이가 부모의 어떤 반응에 안정감을 느끼며 애착심을 갖는지, 함께 이야기하며 발견해 보세요.

이렇게 해 볼까?

우리 ○○(이)는 어떤 요리를 좋아했더라? 엄마아빠랑 만들어 볼까? ○○(이)랑 함께 만들어 보면 엄마아빠도 너무 즐겁고 행복할 것 같아.

한 줄 반짝이는 생각

우리 집 사랑의 요리는 바로

이에요.

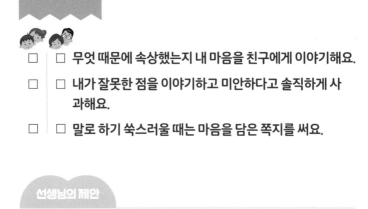

수요일 •관계• 친구와 싸웠을 때 어떻게 화해해?

- ☐ ☐ 무엇 때문에 속상했는지 내 마음을 친구에게 이야기해요.
- ☐ ☐ 내가 잘못한 점을 이야기하고 미안하다고 솔직하게 사과해요.
- ☐ ☐ 말로 하기 쑥스러울 때는 마음을 담은 쪽지를 써요.

선생님의 제안

학기 초 상담 시 가장 많이 받는 질문이 "우리 아이가 친구와 잘 지내나요?"입니다. 친구와 잘 지내기 위해서는 문제가 생겼을 때 사과를 잘하기도 해야 하고 잘 받아주기도 해야 합니다. 우리 아이가 사과할 용기를 낼 수 있는 방법을 가르쳐 주세요.

이렇게 해 볼까?

친구에게 미안할 때 먼저 사과하는 용기가 필요해. 말하기 어렵더라도 용기를 내서 미안하다고 말하면 친구와 다시 잘 지낼 수 있을 거야.

한 줄 반짝이는 생각

친구에게 사과할 때는

라고 해야 해요.

가장 고마운 친구는 어떤 친구야?

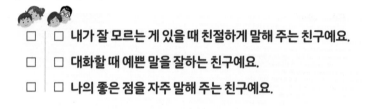

- ☐ ☐ 내가 잘 모르는 게 있을 때 친절하게 말해 주는 친구예요.
- ☐ ☐ 대화할 때 예쁜 말을 잘하는 친구예요.
- ☐ ☐ 나의 좋은 점을 자주 말해 주는 친구예요.

선생님의 제안

어려움을 이겨낼 수 있게 도와주는 친구가 있으면 학교생활이 행복합니다. 내 아이가 힘들 때 위로해 주는 따뜻한 친구가 있는지 물어보세요. 또한 내 아이도 친절하게 답해 주는 친구, 예쁜 말을 해 주는 친구가 될 수 있도록 역할놀이를 통해 연습해 보는 건 어떨까요?

이렇게 해 볼까?

내일 학교에 가서 고마운 친구에게 "네 덕분에 학교생활이 즐거워.", "네가 예쁜 말을 해 줘서 참 좋아." 같은 말을 해 보면 어떨까?

한 톨 반짝이는 생각

사랑하는 내 친구

네가 있어서 학교생활이 즐거워.

오늘 언제 네가 가장 자랑스러웠어?

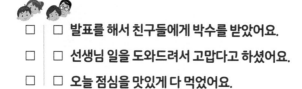

☐ ☐ 발표를 해서 친구들에게 박수를 받았어요.

☐ ☐ 선생님 일을 도와드려서 고맙다고 하셨어요.

☐ ☐ 오늘 점심을 맛있게 다 먹었어요.

선생님의 제안

학교는 작은 사회입니다. 학교생활을 하며 스스로 해낸 일을 통해 자랑스러운 마음을 느낄 수 있습니다. 한편, 자랑스러운 일이 없다고 느끼는 아이들도 있습니다. 자랑스러운 순간을 이야기하는 아이에게는 구체적인 칭찬으로 자존감을 북돋워 주고, 그렇지 않은 아이에게는 학교생활을 잘 해내고 있는 것만으로 충분히 자랑스럽다고 말해 주세요.

이렇게 해 볼까?

오늘도 등교해서 선생님 말씀을 잘 듣고, 친구들과 사이좋게 지낸 네가 너무 자랑스러워. 아주 사소한 것이라도 좋으니 다음에는 또 어떤 자랑스러운 일이 있었는지 들려줄래?

한 줄 반짝이는 생각

나는 내가

할 때 자랑스러워요.

우리 아이 스마트폰 사용은
언제, 어떻게 하면 좋을까요?

우리 아이의 스마트폰 사용 시기와 방법에 대해 물어보는 부모님이 많습니다. 저학년의 경우 스마트폰을 안 사주고 싶지만 등하교시 부모님과 연락을 해야 할 때가 많아 어쩔 수 없이 스마트폰을 사주는 경우가 있습니다. 저학년 학생들은 아직 스마트폰 사용 자제력이 부족하고, 올바른 사용방법을 잘 모릅니다. 그러나 현실적으로 스마트폰 사용을 완전히 막기는 거의 불가능합니다. 그러므로 아이에게 스마트폰을 줘야 한다면 바르게 사용할 수 있는 방법을 지속적으로 알려주는 것이 가장 중요합니다.

1. 문자, 전화 기능을 제외한 다른 기능을 자녀 안전 앱 등을 활용해 잠그는 것도 좋은 방법 중 하나입니다.
2. 집에서는 최대한 스마트폰을 사용하지 않고, 정해진 시간에 보호자의 관리하에 사용할 수 있도록 합니다.
3. 스마트폰에 집착하지 않기 위해 스마트폰으로 무언가를 오래 하기보다는 독서, 운동, 친구와의 신체 활동을 해야 합니다.
4. 집에서는 가족 모두가 스마트폰 사용을 함께 자제하는 것이 중요합니다.

어른조차도 스마트폰 사용을 제어하는 것이 매우 힘듭니다. 아이들이 스마트폰을 올바르게 사용하도록 교육하고 부모님이 먼저 집에서 스마트폰을 멀리하는 모범적인 모습을 보여줄 필요가 있습니다. 아이와 함께 스마트폰 사용 원칙을 만들어 보는 것은 스스로 규칙을 더 잘 지키게 만드는 데 도움이 됩니다. 아이와 사용시간을 약속한 기록을 종이로 출력해 잘 보이는 곳에 붙이는 것도 큰 도움이 됩니다.

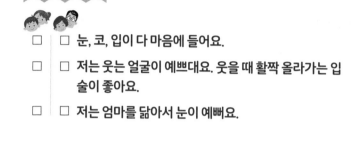

월요일
•자존감•
얼굴에서 가장 마음에 드는 부분은 어디야?

- ☐ ☐ 눈, 코, 입이 다 마음에 들어요.
- ☐ ☐ 저는 웃는 얼굴이 예쁘대요. 웃을 때 활짝 올라가는 입술이 좋아요.
- ☐ ☐ 저는 엄마를 닮아서 눈이 예뻐요.

선생님의 제안

아직 외모에 대한 고민이 생기기 이전 시기이지만, 여러 미디어 매체의 영향으로 어린 나이에도 쉽게 왜곡된 신체상을 가질 수 있습니다. 우선 아이가 자신의 외모에 대해 어떻게 생각하는지 주의 깊게 들어주세요. 무작정 칭찬의 말을 건네는 것보다는 아이의 장점과 내면의 중요성을 이야기하며 건강한 자아상을 만들어 갈 수 있도록 지지해 주세요.

이렇게 해 볼까?

엄마아빠도 네 눈이 참 맑고 예쁘다고 생각해. 네 얼굴의 모든 부분이 특별하고 소중하다는 걸 꼭 기억해.

한 줄 반짝이는 생각

저는

(이)라서 소중한 사람이에요.

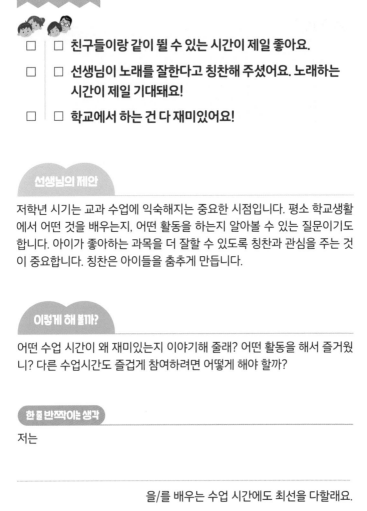

화요일 •학습• 학교에서 어떤 수업이 제일 기대되니?

- ☐ ☐ 친구들이랑 같이 뛸 수 있는 시간이 제일 좋아요.
- ☐ ☐ 선생님이 노래를 잘한다고 칭찬해 주셨어요. 노래하는 시간이 제일 기대돼요!
- ☐ ☐ 학교에서 하는 건 다 재미있어요!

선생님의 제안

저학년 시기는 교과 수업에 익숙해지는 중요한 시점입니다. 평소 학교생활에서 어떤 것을 배우는지, 어떤 활동을 하는지 알아볼 수 있는 질문이기도 합니다. 아이가 좋아하는 과목을 더 잘할 수 있도록 칭찬과 관심을 주는 것이 중요합니다. 칭찬은 아이들을 춤추게 만듭니다.

이렇게 해 볼까?

어떤 수업 시간이 왜 재미있는지 이야기해 줄래? 어떤 활동을 해서 즐거웠니? 다른 수업시간도 즐겁게 참여하려면 어떻게 해야 할까?

한 줄 반짝이는 생각

저는

을/를 배우는 수업 시간에도 최선을 다할래요.

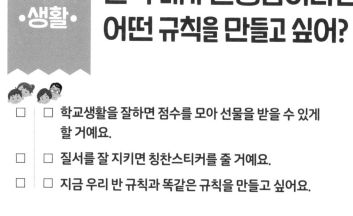

수요일
•생활•

만약 네가 선생님이라면 어떤 규칙을 만들고 싶어?

- ☐ ☐ 학교생활을 잘하면 점수를 모아 선물을 받을 수 있게 할 거예요.
- ☐ ☐ 질서를 잘 지키면 칭찬스티커를 줄 거예요.
- ☐ ☐ 지금 우리 반 규칙과 똑같은 규칙을 만들고 싶어요.

선생님의 제안

학급의 규칙을 직접 만드는 상상을 하면 아이의 성향이나 아이가 바라는 학교생활을 파악하는 데 도움이 됩니다. 또, 학교에서 자신이 지켜야 하는 일을 떠올리며 책임감을 가지게 됩니다. 아이의 대답에 이유를 물으며 자연스럽게 내 아이의 학교생활 모습을 파악해 보세요.

이렇게 해 볼까?

네가 선생님이라면 학급에 어떤 규칙을 만들고 싶어? 왜 그렇게 생각했니? 네가 바라는 규칙이 생기면 학교생활이 어떨 것 같아?

한 줄 반짝이는 생각

만약 제가 선생님이라면

....

규칙을 만들고 싶어요.

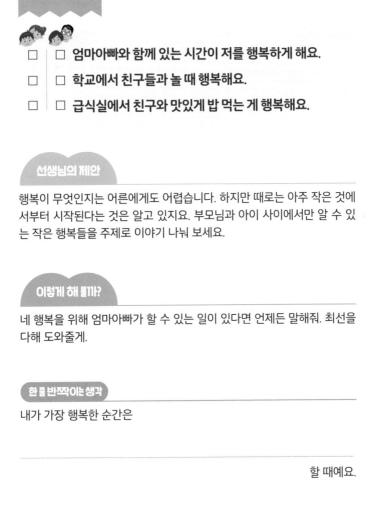

목요일
•자존감•

요즘 너를 행복하게 하는 것은 뭐야?

- ☐ ☐ 엄마아빠와 함께 있는 시간이 저를 행복하게 해요.
- ☐ ☐ 학교에서 친구들과 놀 때 행복해요.
- ☐ ☐ 급식실에서 친구와 맛있게 밥 먹는 게 행복해요.

선생님의 제안

행복이 무엇인지는 어른에게도 어렵습니다. 하지만 때로는 아주 작은 것에서부터 시작된다는 것은 알고 있지요. 부모님과 아이 사이에서만 알 수 있는 작은 행복들을 주제로 이야기 나눠 보세요.

이렇게 해 볼까?

네 행복을 위해 엄마아빠가 할 수 있는 일이 있다면 언제든 말해줘. 최선을 다해 도와줄게.

한 줄 반짝이는 생각

내가 가장 행복한 순간은

할 때예요.

만약 네가 초능력자라면 어떤 능력을 가지고 싶어?

☐ ☐ **새가 되어서 날아 다니고 싶어요.**

☐ ☐ **치타가 돼서 운동회 때 달리기 1등을 하고 싶어요.**

☐ ☐ **투명인간이 돼서 숨바꼭질 놀이를 하고 싶어요.**

선생님의 제안

아이들은 자신이 갖고 있는 능력이 얼마나 대단한지 잘 모릅니다. 그래서 만화나 영상 등에 나온 능력을 부러워합니다. 우리 아이가 가장 갖고 싶은 능력이 무엇인지 물어보고, 가족 모두 서로의 초능력을 하나씩 만들어 보면 어떨까요?

이렇게 해 볼까?

사람을 도울 수 있는 능력도 초능력이 될 수 있어. 오늘 누구를 한 번 도와 볼지 생각해 보면 어떨까? 너의 초능력을 보여줘!

한 줄 반짝이는 생각

내가 가진 멋진 초능력은

입니다.

초등학교 1~2학년 아이의
수학 실력을 향상시키는 방법

초등학교 1~2학년 과정의 '수와 연산'은 우리 아이들이 꼭 제대로 이해하고 넘어가야 하는 영역 중 하나입니다. '10의 짝꿍수' 개념은 덧셈과 뺄셈을 학습할 때 정말 큰 도움을 줍니다. 10의 짝꿍수 개념은 두 수를 더해 10이 나오는 수들을 뜻합니다.

예를 들어 1과 9, 2와 8, 3과 7, 4와 6, 5와 5, 6과 4, 7과 3, 8과 2, 9와 1입니다. 별거 아니라고 생각하실지 모르겠습니다만, 아이에게 짝꿍수를 구구단 외우듯 외우라고 하세요. 예를 들어 "9의 짝꿍수는?"이라고 물어보면 "1"이라고 답할 수 있어야 합니다. 이 방법을 활용해 받아올림이 있는 덧셈을 아래와 같이 이해할 수 있습니다.

14+7을 푼다면 14의 일의 자리 4의 짝꿍수 6을 떠올립니다. 그러면 아이는 4+6=10이란 걸 알 수 있습니다. 또 더하는 수 7이 6보다 크기 때문에 받아올림을 해야 한다는 걸 알 수 있습니다. 그렇다면 7을 6과 1로 가르기 한 후 6은 4와 더해서 받아올림하고 남은 1을 덧셈 결과의 일의 자리에 쓰면 됩니다. 4의 짝꿍수 6을 더한 수는 십의 자리로 받아올림이 되겠죠? 답은 21이 됩니다.

뺄셈에서도 가능합니다. 14 - 7의 경우 받아내림을 해야 합니다. 즉 받아내림한 값 10과 빼는 수는 7입니다. 7의 짝꿍수 3을 14의 일의자리 4와 더하면 답 7이 나옵니다. 짝꿍수 개념을 익힌 후 여러 문제를 짝꿍수를 활용해 해결해야 합니다. 더 복잡하다고 느낄 수 있습니다. 하지만 이 복잡함을 이해하는 과정에서 모으기와 가르기, 받아올림, 받아내림 등의 개념을 자연스럽게 익힐 수 있습니다.

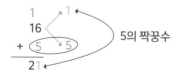

만약 내가 발명가라면 무엇을 만들고 싶어?

- ☐ ☐ 나 대신 숙제를 척척 해내는 로봇
- ☐ ☐ 숨바꼭질 할 때 사용할 투명 망토
- ☐ ☐ 날씨를 마음대로 바꿀 수 있는 기계

선생님의 제안

아이가 상상한 발명품이나 아이디어에 대한 구체적인 질문을 해 주세요. "이 발명품은 어떻게 생겼어?", "혹시 다른 기능은 없어?"와 같은 질문은 아이가 자신의 생각을 구체화하고 논리적으로 발전시킬 수 있도록 도와주는 질문입니다. 아이와 한두 번 말을 주고받는 것이 아니라 여러 번 주고받을 수 있는 질문을 해 주세요.

이렇게 해 볼까?

아이디어가 정말 멋진 것 같아. 이 아이디어를 가족과 친구들에게 소개해 보는 건 어떨까? 가족과 친구들이 너의 아이디어를 멋지게 만들어 줄지 몰라.

한 줄 반짝이는 생각

제가 부모님을 위해 만들고 싶은 발명품은

입니다.

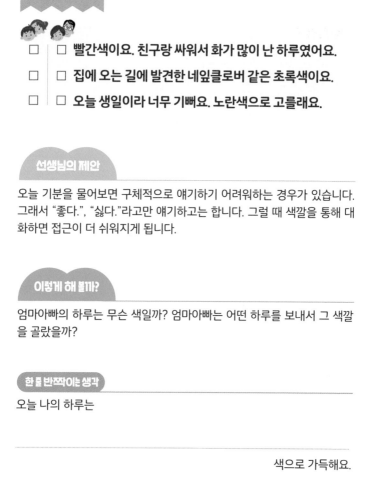

화요일
·창의력·

오늘 하루는 무지개색 중 어떤 색에 가깝니?

☐ ☐ 빨간색이요. 친구랑 싸워서 화가 많이 난 하루였어요.

☐ ☐ 집에 오는 길에 발견한 네잎클로버 같은 초록색이요.

☐ ☐ 오늘 생일이라 너무 기뻐요. 노란색으로 고를래요.

선생님의 제안

오늘 기분을 물어보면 구체적으로 얘기하기 어려워하는 경우가 있습니다. 그래서 "좋다.", "싫다."라고만 얘기하고는 합니다. 그럴 때 색깔을 통해 대화하면 접근이 더 쉬워지게 됩니다.

이렇게 해 볼까?

엄마아빠의 하루는 무슨 색일까? 엄마아빠는 어떤 하루를 보내서 그 색깔을 골랐을까?

한 줄 반짝이는 생각

오늘 나의 하루는

색으로 가득해요.

친구에게 속상한 일이 있을 때 어떻게 행동했어?

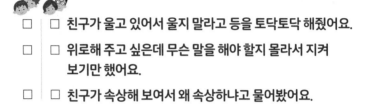

- ☐ ☐ 친구가 울고 있어서 울지 말라고 등을 토닥토닥 해줬어요.
- ☐ ☐ 위로해 주고 싶은데 무슨 말을 해야 할지 몰라서 지켜 보기만 했어요.
- ☐ ☐ 친구가 속상해 보여서 왜 속상하냐고 물어봤어요.

선생님의 제안

친구가 속상하고 슬퍼 보일 때 부정적인 감정에 당황해 자기도 모르게 퉁명스럽게 말을 내뱉거나, 친구의 마음에 공감하지 못하는 경우가 있습니다. 이럴 때는 친구의 마음을 헤아리고 기다려 주는 것이 중요하다는 것을 알려주세요.

이렇게 해 볼까?

친구가 속상해할 때는 먼저 다가가 위로의 말을 건네 보자. 친구가 말하기 싫어하면 거리를 두고 기다려 줘야 해. 슬픈 마음을 함께 나눌 줄 아는 멋진 친구가 되는 연습을 하자!

한 줄 반짝이는 생각

친구를 위로할 때

_____

(이)라고 말해 줄래요.

글밥이 많은 책을 읽을 때 어떤 기분이 들어?

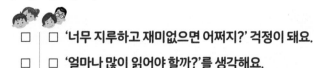

- ☐ ☐ '너무 지루하고 재미없으면 어쩌지?' 걱정이 돼요.
- ☐ ☐ '얼마나 많이 읽어야 할까?'를 생각해요.
- ☐ ☐ 어떤 이야기가 나올지 너무 궁금해요.

선생님의 제안

글밥이 많은 책은 어떤 아이에게는 즐거움이, 어떤 아이에게는 부담이 됩니다. 아이에게 책을 많이 읽을 수 있는 힘이 있는지 대화를 통해 알아보세요. 대화를 할 때 만화나 그림책보다 글이 많은 책을 읽어야 한다는 부담감을 주기보다, 아이가 읽고 있는 책을 소개해 볼 수 있게 유도해 주세요.

이렇게 해 볼까?

네가 즐겨 읽는 책에는 어떤 주인공이 나와? 어떤 이야기가 펼쳐지는지 알려줘.

한 줄 반짝이는 생각

나에게 책은

                                                                    입니다.

만약 교장선생님이 된다면 뭘 하고 싶어?

☐ ☐ 쉬는 시간과 수업 시간을 바꾸고 싶어요.

☐ ☐ 내가 좋아하는 친구와 같은 반이 되고 싶어요.

☐ ☐ 수학 시간 대신 운동장에서 신나게 뛰어 놀고 싶어요.

선생님의 제안

저학년은 교장선생님을 존경하고 잘 따릅니다. 교장선생님을 학교의 대장이라고 생각하기 때문에 교장선생님이 하는 말과 행동을 주의 깊게 봅니다. '교장선생님이라면 이런 걸 할 수 있을 텐데…', '교장선생님이 공부하지 말고 놀라고 했으면 좋겠다.' 등의 재미있는 생각을 합니다. 우리 아이가 다니는 학교 교장선생님의 성함과 모습을 물어봐 주세요.

이렇게 해 볼까?

교장선생님은 어떤 일을 하는 분 같아? 교장선생님이 되면 학교를 어떻게 바꾸고 싶어? 잠시 교장선생님이 되는 상상을 해 보자.

한 줄 반짝이는 생각

우리 학교 교장선생님은

을/를 하는 분입니다.

초등학교 입학 전 엄마와 함께 연습하면 좋은 습관에는 무엇이 있을까요?

좋은 습관을 들이는 것은 학교생활을 하는 데 매우 중요합니다. 입학 초기에도 담임선생님과 학급 규칙 등을 배우지만, 집에서 미리 연습한 아이는 이 규칙에 더 빨리 적응할 수 있습니다. 내 아이의 학교 적응을 위해 미리 연습해야 하는 습관을 소개합니다.

1. 정리정돈 습관

정리정돈이 안되어 있으면 수업 시간에 집중을 못할 뿐 아니라, 자신의 물건을 찾는 데 많은 시간이 걸립니다. 그러므로 입학 전 집에서 책이나 학용품을 어떻게 정리해야 하는지 알려 주세요. 수업이 끝나자마자 필통을 정리하고, 필요 없는 종이 등은 바로 버리라고 해 주세요. 가장 중요한 것은 아이의 가방입니다. 종종 저학년의 가방을 보면 필요 없는 물건이나 찢어진 종이가 발견되는 경우가 많습니다. 매일매일 자신의 가방을 정리하는 습관을 길러주세요.

2. 스스로 옷을 입고, 준비물을 챙기는 습관

이제 막 초등학교에 입학한 아이를 도와주려는 엄마아빠의 마음은 이해하지만, 알림장을 보고 필통에 있는 연필 깎기, 준비물 챙기기 등은 아이 스스로 연습해야 합니다. 등교 시 스스로 옷을 선택해 입고, 하교한 후 양말을 벗어 손발을 씻는 습관을 들여주세요.

'언젠가 자연스럽게 되겠지.'라는 생각보다는 입학 전에 아이와 하나씩 준비해 간다고 생각하는 것이 중요합니다. 우리 아이가 학교에 잘 적응하기 위해서는 가정에서 연습과 준비가 필요합니다.

네가 가장 아끼는 물건은 무엇이니?

월요일
•생활•

- ☐ ☐ 아끼는 필통이 있어서 공부를 열심히 할 수 있어요.
- ☐ ☐ 잠잘 때 내 옆을 지켜주는 소중한 인형이요.
- ☐ ☐ 생일 선물로 받은 게임기로 아빠와 게임할 때 제일 행복해요.

선생님의 제안

내 아이가 좋아하는 물건이 무엇인지 알 수 있는 질문입니다. 아이가 소중하게 여기는 물건을 말하면 왜 그 물건을 소중하게 생각하는지 이유를 물어봐 주세요. 어릴수록 애착이 가는 물건과의 추억을 소중하게 여기기 때문에, 아이의 소중한 물건을 활용해 의미 있는 대화를 이어 갈 수 있습니다.

이렇게 해 볼까?

소중하게 여기는 물건이 생각나지 않으면 엄마와 함께 집안을 정리해 보자! 보물찾기 하는 느낌이 들지 않을까? 보물을 찾아 엄마아빠에게 보여줄래?

한 줄 반짝이는 생각

나의 보물은 바로

이에요.

49

지금 1만 원이 있으면 무엇을 가장 사고 싶어?

☐ ☐ 학교 앞 편의점에 가서 친구들과 간식을 잔뜩 사고 싶어요.

☐ ☐ 엄마아빠를 위한 선물을 사러 갈 거예요.

☐ ☐ 친구들과 음식점에 가서 이것저것 다 시켜서 먹고 싶어요.

선생님의 제안

저학년 학생에게 1만 원은 큰돈입니다. 1만 원으로 어떤 걸 사고 싶어 하는지를 물어보세요. 아이가 평상시에 무엇을 갖고 싶어 하는지, 무엇을 먹고 싶어 하는지 알 수 있습니다. 단순히 "갖고 싶은 게 뭐야?"라고 묻기보다 "만약 1만 원이 있다면 무엇을 사고 싶어?"와 같은 구체적인 질문을 통해 아이의 마음을 살필 수 있습니다.

이렇게 해 볼까?

평상시에 네가 무엇을 갖고 싶었는지, 무엇을 먹고 싶었는지 생각해 봐. 뭐든지 다 괜찮아. 생각이 잘 안 나면 친구들이 갖고 있는 물건을 한 번 떠올려 봐.

한 줄 반짝이는 생각

1만 원이 있으면 엄마가 좋아하는

을/를 사 드리고 싶어요.

다른 학교 친구에게 소개 하고 싶은 장소가 있어?

□ □ 친구들과 뛰어놀 수 있는 운동장을 소개할래요.

□ □ 내가 공부하는 교실을 소개하고 싶어요.

□ □ 급식실에서 함께 맛있는 밥을 먹어 보고 싶어요.

선생님의 제안

초등학교 저학년 시기에는 학교를 탐색하는 것도 중요한 공부입니다. 학교에 있는 다양한 장소에 대해 이야기를 나누며 왜 소개해 주고 싶은지, 그곳에 가면 어떤 경험을 할 수 있는지, 위치는 어디인지 다양한 이야기를 나누어 보세요.

이렇게 해 볼까?

학교에는 정말 많은 장소가 있구나! 만약 엄마와 학교에 간다면, 어떤 장소에서 무엇을 하고 싶어?

한 줄 반짝이는 생각

저는 엄마와 함께 학교에 가서

을/를 하고 싶어요.

요즘 가장 좋아하는 노래가 있어?

- ☐ ☐ 교가를 친구들과 힘차게 부를 때 기분이 좋아요.
- ☐ ☐ 애국가를 4절까지 부를 수 있어서 뿌듯해요.
- ☐ ☐ 친구들과 율동하면서 동요를 부르면 신나요.

선생님의 제안

저학년 학생들과 수업을 하다 보면 교가, 애국가, 동요 등을 가장 좋아하고 크게 따라 부릅니다. 최근 유행하는 노래도 많이 부르고요. 노래는 우리 아이들의 정서에 큰 도움을 줍니다. 요즘 어떤 노래를 배우는지 물어보고 집에서 함께 불러 보면 좋습니다. 노래 가사의 의미를 엄마와 함께 읽고 이야기 나누어 보는 것도 추천합니다.

이렇게 해 볼까?

요즘 학교 친구들과 큰 목소리로 부르는 노래가 있으면 엄마한테 말해 볼까? 학교에서 부르는 노래를 가족들과 큰 목소리로 불러 보자.

한 뼘 반짝이는 생각

내가 가장 좋아하는 노래는

입니다.

원하는 일이 잘 안돼서 마음이 답답할 때가 있어?

☐ ☐ 태권도장에서 저만 격파를 못할 때요.

☐ ☐ 친구들 사이에서 달리기가 제일 느려서 속상해요.

☐ ☐ 선생님이랑 종이접기를 하는데 어떻게 하는지 몰라서
　　속상해요.

선생님의 제안

원하는 일이 잘 안 풀리거나, 목표한 바를 이루지 못할 때 아이들은 답답함을 느낍니다. 이때 주춤하고 포기하기보다는 계속해서 노력하면 목표를 달성할 수 있다는 것을 알려주는 것이 좋습니다.

이렇게 해 볼까?

안된다고 쉽게 포기하면 어떤 일이 일어날까? 맞아. 지금은 어렵더라도 꾸준히 노력하면 언젠가는 이룰 수 있어! 엄마가 어떻게 도와주면 좋을까? 엄마랑 함께해 보자!

한 줄 반짝이는 생각

더 나은 내가 되기 위해

매일 꾸준히 하겠습니다.

사랑을 받는 마법의 말 두 가지

누구나 우리 아이가 학교에 잘 적응하고 선생님, 친구들과 좋은 관계를 형성하며 행복한 학교생활을 하기를 바랍니다. '학교생활을 잘한다'는 것에는 많은 의미가 있지만, 그 중 누구에게나 긍정적인 이미지로 다가가며 학교생활을 원활히 할 수 있는 간단하고 쉬운 마법의 말 두 가지를 소개합니다.

1. "안녕하세요."

인사는 첫 만남에서 호감을 심어줄 수 있는 가장 효과적인 행동입니다. 또, 사람과의 관계를 형성하는 첫 단추이자 마음의 문을 열어주는 열쇠입니다. 그러나 요즘 아이들은 먼저 인사하는 것을 쑥스러워하거나 주저합니다. 웃어른이나 친구를 만났을 때 밝게 웃으며 먼저 "안녕하세요." 또는 "안녕." 하고 인사를 건넬 수 있도록 함께 연습해 보세요.

2. "감사합니다."

선생님께서 무엇을 도와주셨을 때, 급식실에서 밥과 반찬을 받을 때, 친구가 떨어진 연필을 주워 주었을 때 등 학교생활 중 고마운 일들은 참 많습니다. 그럴 때마다 "감사합니다.", "고마워." 소리 내어 인사할 수 있도록 해 주세요.

인사는 상대방의 기분도 좋게 만들어 줄 뿐 아니라, 우리 아이가 세상을 긍정적이고 행복하게 바라보는 데 도움을 줍니다.

어떤 색의 옷을 입을 때 가장 기분이 좋아?

- ☐ ☐ 알록달록 무지개색 옷이 좋아요.
- ☐ ☐ 엄마와 같은 색의 옷을 입을 때 기분이 좋아요.
- ☐ ☐ 친한 친구가 좋아하는 색의 옷을 입었을 때 기분이 좋아요.

선생님의 제안

우리 아이가 좋아하는 색을 알면 좋습니다. 아침에 학교에 가기 싫어할 때나 기분이 안 좋아 보일 때, 좋아하는 색깔의 옷이나 소품 등으로 아이의 기분을 풀어 줄 수 있습니다.

이렇게 해 볼까?

가장 좋아하는 옷을 입었을 때 어떤 기분이 들어? 일주일 동안 입을 옷을 네가 좋아하는 색으로 정리해 볼까?

한 줄 반짝이는 생각

오늘 나의 기분은

색이에요.

친구가 실수로 나를 밀쳤을 때 어떻게 하면 좋을까?

- ☐ ☐ 괜찮지만 다음부터 조심해 달라고 말할래요.
- ☐ ☐ 기분 나쁘니까 사과하라고 말할 거예요.
- ☐ ☐ 화가 나서 나도 모르게 친구를 밀칠 것 같아요.

선생님의 제안

학교에서 발생하는 갈등의 이유 중 가장 많은 것이 바로 실수입니다. 특히 실수로 친구에게 피해를 주고도 인지하지 못하는 경우가 많아 다툼이 발생하곤 합니다. 친구가 나를 밀쳐 기분이 나빴을 때는 그 즉시 친구에게 '친구의 행동과 나에게 준 피해'를 이야기해서 친구 때문에 내가 피해를 입었음을 알려야 합니다. 친구가 사과하지 않는다면 선생님께 도움을 청해도 좋습니다.

이렇게 해 볼까?

친구가 밀쳐서 다칠 뻔했구나. 친구는 너를 밀쳤는지 잘 모를 수도 있어. 친구의 눈을 보며 불편한 것을 이야기해야 해. 너의 마음을 전달하는 연습을 함께 해 볼까?

한 줄 반짝이는 생각

친구야, 네가 나를 밀어서

앞으로는 조심해 줘.

수업 중 화장실에 가고 싶을 때 어떻게 하면 좋을까?

- ☐ ☐ **화장실은 참으면 안 돼요. 선생님께 말씀드리고 가요.**
- ☐ ☐ **화장실은 쉬는 시간에 미리 가야 해요.**
- ☐ ☐ **짝꿍한테 얘기하고 빨리 화장실에 가요.**

선생님의 제안

화장실이 급하다면 수업 중에도 당연히 갈 수 있어요. 아이의 성향에 따라 친구들의 시선이 부담스럽거나 말할 용기가 부족해서 화장실을 참는 경우도 많습니다. 수업 시간의 집중력이 깨질 수 있으므로, 교과서를 준비하거나 화장실에 가는 등의 활동은 모두 쉬는 시간에 하는 습관을 들이는 것이 좋습니다.

이렇게 해 볼까?

화장실은 참지 않아도 괜찮아. 하지만 수업 시간에 재미있는 내용을 놓치면 아쉬우니까, 쉬는 시간에 미리 다녀오자.

한 줄 반짝이는 생각

화장실이 너무 급하다면 선생님께

라고 말씀드릴래요.

요즘 친구들이 자주하는 놀이나 게임이 뭐야?

- ☐ ☐ 쉬는 시간에 교실 뒤에서 보드게임을 많이 해요.
- ☐ ☐ 운동장에 나가 줄넘기를 해요.
- ☐ ☐ 책상에 앉아 그림도 그리고 색종이도 접으면서 놀아요.

선생님의 제안

친구들이 자주 하는 놀이나 게임을 물어보는 것은 우리 아이가 친구들과 잘 어울리고 있는지, 친구들에게 관심이 있는지 알아볼 수 있는 좋은 질문입니다.

이렇게 해 볼까?

쉬는 시간에 친구들과 하고 싶은 놀이가 있어? 내가 잘하는 놀이를 하는 것도 좋지만 친구들이 좋아하는 놀이가 있으면 같이 하고 싶다고 이야기해 봐. 안 해 본 놀이도 친구들과 함께하면 즐겁게 할 수 있어.

한 줄 반짝이는 생각

내일은 친구와

을/를 하며 놀래요.

어떤 계절이 가장 좋아?

☐ ☐ 새 학기가 시작되는 봄과 가을이 좋아요.

☐ ☐ 여름방학이 있는 여름이 좋아요.

☐ ☐ 운동장에 눈이 쌓여 눈싸움을 할 수 있는 겨울이 좋아요.

선생님의 제안

사계절은 우리 아이들이 쉽게 접할 수 있는 질문 소재입니다. 아이에게 좋아하는 계절을 묻고 왜 좋아하는지 물어봐 주세요. 우리 아이가 좋아하는 계절과 연관된 사진을 보며 가족과의 추억 이야기를 나누면 더욱 좋습니다.

이렇게 해 볼까?

네가 가장 좋아하는 계절에 친구와 학교에서 무엇을 했는지를 떠올려 보자. 내가 가장 좋아하는 계절과 이유를 엄마아빠에게 자신 있게 설명해 봐.

한 줄 반짝이는 생각

내가 제일 좋아하는 계절은 우리 가족이 함께

이에요.

아이가 초등학교에 입학하기 전 미리 알아두면 좋은 용어

아이가 학교에 입학하면 많은 것이 달라집니다. 따라서 아이뿐 아니라 부모님도 변화한 환경과 다양한 학교 안내에 적응하기 어려울 수 있습니다. 당황하지 않으려면 미리 아래와 같은 용어들을 알면 좋습니다.

1. 스쿨뱅킹

스쿨뱅킹이란 현장체험학습비 등 학교에 납부해야 하는 납부금을 예금계좌나 신용카드에서 학교계좌로 자동 납부할 수 있도록 하는 제도입니다. 학교에서 안내하는 가정통신문을 보고 신청을 하며, 예금 계좌로 납부 방법을 선택했을 경우에는 계좌의 잔액이 부족하지 않은지 수시로 확인해야 합니다.

2. 돌봄교실

주로 저학년 방과 후에 학생들을 돌보는 서비스입니다. 맞벌이 등 돌봄이 필요한 가정의 아이라면 누구나 신청할 수 있으며, 배정 인원보다 신청 인원이 많을 때는 대상자를 추첨하여 운영하기도 합니다.

3. 정서행동특성검사

정서행동특성검사는 초등학교 1학년, 4학년 시기에 진행하며 아이의 성격 특성과 행동 발달 경향을 이해하고 도움을 주기 위해 실시합니다. 검사 결과는 학교생활기록부 등의 공적인 문서에 기록되지 않으며 가정에 안내한 후 폐기됩니다. 체크리스트 형태로 된 부모의 답변으로 아이를 정상군, 관심군으로 구분하며 관심군의 경우 전문기관과 연계하여 심층평가와 상담 등을 지원받을 수 있습니다.

유치원(어린이집) 때와 비교해서 어떤 점이 달라졌어?

- ☐ ☐ 공부 시간이 길어져서 오래 앉아 있기 어려워요.
- ☐ ☐ 공부 시간이랑 쉬는 시간이 생겼어요.
- ☐ ☐ 유치원 때는 장난감이 엄청 많았는데 지금은 별로 없어요.

선생님의 제안

학교에 입학해 책상에 앉아 정해진 시간 동안 공부하는 것이 처음에는 적응하기 어려울 수 있습니다. 학교에서도 아이들의 학교 적응을 위해 학기 초에는 학교 적응 수업을 진행합니다. 부모님께서도 아이가 학교에 잘 적응하고 있는지 자주 묻고, 학교생활을 잘해 내고 있는 아이를 응원하고 격려해 주세요.

이렇게 해 볼까?

초등학생이 되니 어떤 점이 달라졌어? 그 중 좋은 점이 뭐야? 학교생활을 열심히 하는 네가 참 자랑스러워!

한 줄 반짝이는 생각

초등학교에 오니

점이 좋아요!

오늘 어떤 과목이 재미있었어?

□ □ 수학 시간에 ○○를 배웠어요. 이제 ○○를 할 수 있어요.

□ □ 국어 시간에 이야기 글을 읽었는데 재미있었어요.

□ □ 뭘 배웠는지 잘 기억이 안 나요. 오늘은 수업 시간에 집중하기 힘들었어요.

선생님의 제안

아이가 학교에서 배운 내용을 복습하고, 자신의 생각을 표현할 수 있는 질문입니다. "오늘 학교 어땠어?", "재미있었어?"라고 물어보기보다는 구체적인 질문으로 대화를 유도해 보세요. 기억이 잘 나지 않는다고 하면 주간학습안내나 학사력을 살펴보는 것도 좋아요.

이렇게 해 볼까?

이번 주 시간표를 같이 살펴볼까? 어떤 내용이 재미있었고, 어떤 내용이 어려웠는지 이야기해 보자. 엄마는 네가 어려워하는 부분을 도와주고 싶어.

한 줄 반짝이는 생각

오늘 수업 중에 배운

이/가 가장 재미있었어요.

친구가 어떤 말을 해 줬을 때 가장 기분이 좋았어?

- ☐ ☐ 우리 오늘 같이 보드게임 하면서 놀지 않을래?
- ☐ ☐ 나 너랑 같은 팀 하고 싶어.
- ☐ ☐ 그림 너무 잘 그렸다. 난 네가 그림을 잘 그려서 부러워.

선생님의 제안

친구의 말과 행동 하나에 우리 아이의 기분이 달라집니다. 친구의 따뜻한 말과 행동은 우리 아이를 춤추게 만들지요. 친구가 따뜻한 말과 행동을 했을 때 기분이 어땠는지 물어보세요. 그 기분을 친구도 느끼게 해 주면 어떨지, 내일 학교에 가서 친구들에게 칭찬 하나씩 해 보라고 말해 주세요.

이렇게 해 볼까?

내일 학교에 가서 친구를 칭찬해 보면 어때? 너의 칭찬 한마디에 친구는 행복한 하루를 시작할 거야.

한 줄 반짝이는 생각

친구야, 너는 정말

을/를 잘하는구나!

63

목요일
•태도•

발표할 때 떨리면 어떻게 해야 할까?

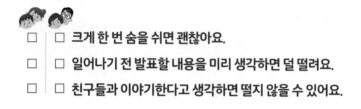

- □ □ 크게 한 번 숨을 쉬면 괜찮아요.
- □ □ 일어나기 전 발표할 내용을 미리 생각하면 덜 떨려요.
- □ □ 친구들과 이야기한다고 생각하면 떨지 않을 수 있어요.

선생님의 제안

부끄럼이 많은 경우 짧은 발표도 어려울 수 있습니다. 대화를 통해 발표를 할 때 불안 정도를 파악하고, 적절히 대처하는 방법을 알려주세요. 예를 들면 크게 숨을 한 번 쉬고 발표하기 등 실질적인 방법을 함께 찾음으로써 자신감을 키울 수 있습니다.

이렇게 해 볼까?

발표할 때 떨리는 건 자연스러운 일이야. 많은 친구들도 그럴 거야. 발표 내용을 미리 연습해 보는 것도 좋은 방법이야.

한 줄 반짝이는 생각

발표하기 전에 너무 떨리면

해 볼래요.

쩍꿍이 어떤 아이인지 소개해 줄래?

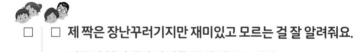

☐ ☐ 제 짝은 장난꾸러기지만 재미있고 모르는 걸 잘 알려줘요.

☐ ☐ 짝꿍이 불편해서 자리를 빨리 바꾸고 싶어요.

☐ ☐ 짝꿍이랑 아직 친해지지 못했어요.

선생님의 제안

학교에서 짝과 앉게 되면 짝 활동이 이루어집니다. 짝과 주고받는 교류가 자연스럽게 학교생활의 질에 큰 영향을 줍니다. 아이와 비슷한 성격의 친구가 짝이 되기도 하지만, 그렇다고 언제나 아이와 꼭 맞는 성향의 친구와 짝일 수는 없습니다. 나와 잘 안 맞는 친구도 소중한 우리 반 친구이기 때문에 잘 지내라고 응원해 주세요.

이렇게 해 볼까?

내일 아침 짝에게 칭찬 한마디를 해 보자. 어떤 칭찬이 좋을지 엄마아빠랑 고민해 볼까? 친구에게 진심을 담아 칭찬하기 위해서 먼저 내 짝꿍의 좋은 점을 잘 떠올려 봐.

한 줄 반짝이는 생각

제 짝꿍의 좋은 점은

입니다.

학기 초 준비물은 이렇게 준비해요 1편

입학을 맞이하며 무슨 준비물을 어떻게 구입하면 좋을지 고민하는 부모님이 많습니다. 입학 후 담임선생님께서 안내해 주시겠지만, 공통적으로 필요한 준비물과 준비 팁은 아래와 같습니다.

1. 가방: 가볍고 열고 닫기 편한 것, 물병을 담을 수 있는 보냉주머니가 있는 것, 크기는 A4파일이 들어갈 정도로 넉넉한 것
2. 필통: 천으로 되어 떨어뜨려도 소리가 나지 않는 것(종이 필통은 내구성이 약해 추천하지 않음)
3. 연필은 2B 연필 세 자루 정도, 지우개는 예쁜 디자인이나 손잡이가 달리지 않은 흰색 사무용
4. 검정색 네임펜: 중간 글씨용 크기

학습용 준비물을 준비하며 가장 중요한 것은 '가장 기본적인 것으로 준비할 것'입니다. 예쁜 인형이나 키링이 달린 가방, 놀이 기능이 있는 필통, 캐릭터 모양 지우개 등은 수업 중 아이들의 집중력을 빼앗는 가장 큰 방해물입니다. 또 예쁘고 멋진 학용품에 지나치게 애착을 가져 쉬는 시간에도 손에 꼭 쥐고 다니다 잃어버릴 수도 있습니다.

또한 중요한 것은 '꾸준한 관리'입니다. 가방이나 필통을 함께 확인하며 아이들이 가방 속 어디에 무엇이 있는지 스스로 파악하고 정리할 수 있도록 지도해 주세요. 필통도 자주 확인하며 뭉툭해지거나 부러진 연필을 미리 깎아두고, 지우개가 닳거나 없어지면 바로 준비해야 합니다. 특히 아이가 자주 물건을 잃어버리는 경우에는 더 많은 관심을 가지고 자세히 살펴 주셔야 합니다.

어떤 과목이
가장 흥미로워?

- □ □ 선생님이 읽어주는 글이 재미있는 국어 시간이요.
- □ □ 다양한 방법으로 문제를 푸는 수학이요.
- □ □ 그림도 그리고 뛰어노는 통합교과(학교, 사람들, 우리
  나라, 탐험 등)가 좋아요.

선생님의 제안

우리 아이가 어떤 과목에 흥미가 있는지 알고 있으면 어떤 재능을 더 발전
시킬 수 있을지 알 수 있습니다. 단순히 좋아하는 과목만 묻기보다는 그 과
목의 어떤 점이 재미있는지 물어보세요.

이렇게 해 볼까?

좋아하는 과목이 없으면 좋아하는 활동을 말해도 괜찮아. 친구들과 함께하
는 모둠활동, 노래 부르기, 그림 그리기, 줄넘기 등 네가 좋아하는 활동을
이야기해 봐.

한 줄 반짝이는 생각

내가 좋아하는 과목이나 활동은

이에요.

사과 편지는 뭐라고 쓰면 좋을까?

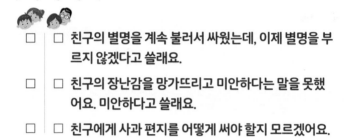

- ☐ ☐ 친구의 별명을 계속 불러서 싸웠는데, 이제 별명을 부르지 않겠다고 쓸래요.
- ☐ ☐ 친구의 장난감을 망가뜨리고 미안하다는 말을 못했어요. 미안하다고 쓸래요.
- ☐ ☐ 친구에게 사과 편지를 어떻게 써야 할지 모르겠어요.

선생님의 제안

잘못을 했을 때 사과를 잘하는 것은 아이의 관계 회복과 성장에 중요한 역할을 합니다. 먼저 아이가 잘못된 행동을 함으로써 친구가 어떤 피해를 입었는지 설명해 주세요. 아이가 잘못을 인정한 후에 사과 편지를 쓸 때는 "미안해."라는 말과 함께 다음에는 상처주는 말과 행동을 하지 않겠다는 약속도 있어야 합니다.

이렇게 해 볼까?

친구가 어떤 일로 속상해했어? 친구에게 앞으로 어떻게 행동하면 좋을까? 너의 마음을 담아 사과의 편지를 써 보자.

한 줄 반짝이는 생각

친구야, 내가

해서 미안해.

수요일
•생활•

학교에서 언제 가장 많이 웃었어?

☐ ☐ 친구가 동물 흉내를 실감나게 낸 것이 재미있고 웃겼어요.

☐ ☐ 수업시간에 재미있는 노래를 따라 부르며 춤을 췄어요.

☐ ☐ 친구와 잡기놀이를 할 때 신나서 웃음이 났어요.

선생님의 제안

아이의 학교생활이 궁금할 때 "오늘 학교생활 어땠어?", "친구와 사이좋게 지냈니?" 말고 "오늘 하루 많이 웃었니?", "학교에서 가장 많이 웃은 때는 언제야?"라고 질문해 보세요. 아이들의 구체적인 학교생활도 엿볼 수 있고, 즐거운 경험을 나누며 학교에 대한 긍정적인 감정을 키울 수 있습니다.

이렇게 해 볼까?

오늘 수업 중 재미있는 활동이 있었니? 친구들과 어떤 순간이 제일 즐거웠니? 너의 웃음 덕분에 엄마아빠도 웃을 수 있어. 정말 고마워.

한 줄 반짝이는 생각

오늘

해서 많이 웃었어요.

오늘 있었던 일 중에 엄마아빠한테 들려주고 싶은 일이 있어?

- ☐ ☐ 오늘 국어 시간에 받아쓰기를 다 맞았어요!
- ☐ ☐ 친구랑 싸웠는데 어떻게 해야 할지 잘 모르겠어요.
- ☐ ☐ 급식 시간에 좋아하는 음식이 나와서 기분이 좋았어요.

선생님의 제안

우리 아이가 하루 중 가장 많은 시간을 보내는 학교에서, 아이의 일상을 알 수 있는 질문입니다. 이 질문을 하는 것만으로도 아이는 자신의 일상에 부모님이 관심을 가지고 있음을 느낄 수 있습니다. 평범한 일상 이야기에도 귀 기울여 주시고 부모님과의 대화가 편해질 수 있도록 해 주세요.

이렇게 해 볼까?

오늘 네가 들려준 이야기 정말 즐거웠어. 내일은 또 어떤 일이 생길지 기대된다. 내일도 하루 중 가장 재미있었던 일을 말해줄래?

한 뿔 반짝이는 생각

학교에서 가장 즐거웠던 일은

입니다.

지금 필통 안에 뭐가 들어 있어?

- ☐ ☐ 연필, 지우개, 풀, 학교에서 받은 비타민 간식이 들어 있어요.
- ☐ ☐ 연필도 있고, 친구가 접어 준 종이 딱지가 있어요.
- ☐ ☐ 음… 학교에 필통을 놓고 와서 기억이 안 나요.

선생님의 제안

초등학교 저학년 아이들은 생각보다 물건을 자주 잃어버립니다. 특히 잘 잃어버리는 물건은 바로 지우개입니다. 지우개가 없으면 수업 중 불편함을 많이 겪으므로, 필통에 지우개가 있는지 꼭 확인해 보세요. 지우개뿐 아니라 연필을 바르게 깎아서 들고 다니는지, 자신의 물건을 잘 챙길 수 있는지 자주 확인하며 스스로 챙기도록 도와주시면 좋습니다.

이렇게 해 볼까?

필통에 꼭 넣어야 하는 필기도구에는 무엇이 있을까? 하나하나 이름을 쓰고 챙겨 보렴. 자신의 물건을 잘 챙기는 것도 중요한 공부야.

한 줄 반짝이는 생각

제 필통에는

이 들어 있어요.

학기 초 준비물은
이렇게 준비해요 2편

학교생활에 필요한 학용품 중 늘 학교에 보관하며 사용하는 준비물은 아래와 같습니다.

1. 색연필: 돌려서 쓰는 형태로 된 것
2. 사인펜: 뚜껑을 오래 열어 두어도 잘 마르지 않는 제품
3. 크레파스: 24색 크레파스
4. 가위: 아동 손에 맞는 크기의 안전가위(왼손잡이일 경우 왼손잡이용 가위로 준비)
5. 풀: 물풀이 아닌 딱풀로 준비
6. 물티슈: 뚜껑이 있는 형태로 준비
7. 미니 청소도구 세트: 미니 빗자루 세트(빗자루와 쓰레받기) 모두에 이름 쓰기

학교에 보관하며 사용하는 준비물을 챙길 때 가장 중요한 것은 '이름 쓰기'입니다. 특히 색연필, 사인펜 등은 낱자루에도 꼭 이름을 써야 합니다. 색연필과 사인펜은 자주 쓰는 만큼 많이 잃어버리는 준비물이기 때문입니다. 또, 친구의 물건과 비슷한 경우가 많다 보니, 잃어버렸을 때 서로 자기 것이라며 다투는 경우를 예방할 수 있습니다.

또한 '사용한 후 바로 정리하는 습관'을 길러야 합니다. 사용한 물건을 바로 치우지 않고 책상 위에 두면 잃어버리기 쉽습니다. 다 쓴 풀을 다음 수업 시간까지 자리에 올려두고 풀칠을 하고 있거나, 수업 중 가위를 들고 종이를 오리는 시늉을 하는 등 집중력을 빼앗기기 쉽습니다.

다 쓴 색연필이나 사인펜은 바르게 담아 원래 자리에 두고, 풀과 가위, 청소도구 등도 제자리에 둘 수 있도록 지도해 주세요.

학교 끝나고 친구들과 뭘 할 때 제일 행복해?

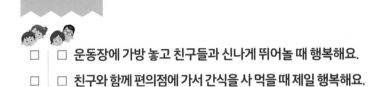

- ☐ ☐ 운동장에 가방 놓고 친구들과 신나게 뛰어놀 때 행복해요.
- ☐ ☐ 친구와 함께 편의점에 가서 간식을 사 먹을 때 제일 행복해요.
- ☐ ☐ 친구와 함께 이야기하며 같이 집에 가는 길이 행복해요.

선생님의 제안

등하교 시 우리 아이의 기분을 살펴보는 질문은 아이의 하루를 예상할 수 있는 매우 중요한 지표입니다. 하교 후 어떤 친구와 무엇을 할 때 가장 행복한지 물어봐 주세요. "오늘 학교 어땠어?"라고 물었을 때 친구와 함께 행복했던 일을 말한다면, 우리 아이가 교우관계에서 만족감이 있고, 하루 동안 기분이 좋았다는 것을 알 수 있습니다.

이렇게 해 볼까?

내가 좋아하는 친구와 즐겁게 하교하는 일은 정말 행복해. 등굣길과 하굣길이 모두 즐거울 때, 신나는 학교생활을 할 수 있어.

한 줄 반짝이는 생각

오늘 학교가 끝나고 친구와

을/를 함께해서 기뻤어요.

학교에서 배운 것 중 집에서도 해 보고 싶은 것이 있어?

☐ ☐ 친구들과 축구를 했는데 정말 재미있었어요. 주말에 엄마아빠와 축구하고 싶어요.

☐ ☐ 전통놀이를 배웠는데 엄마아빠와 함께 해 보고 싶어요.

☐ ☐ 종이접기를 배웠는데 엄마아빠에게 가르쳐 드리고 싶어요.

선생님의 제안

이 질문을 통해 학교에서 배운 내용을 일상 생활과 연결 지을 수 있습니다. 학교에서 학습한 내용을 가정에서 부모님과 함께 복습할 때, 학습 동기가 더 높아질 수 있습니다. 구체적인 활동 계획이나 재료 등을 함께 준비해 보세요.

이렇게 해 볼까?

학교 활동의 어떤 점이 재미있었어? 필요한 재료가 있다면 엄마아빠가 같이 준비해 줄게.

한 줄 반짝이는 생각

재미있는 수업을 하면 내 마음에서

느껴져요.

학교에서 도움이 필요할 때가 있어?

□ □ 운동장에서 놀다가 넘어졌을 때 선생님이 도와주셨어요.

□ □ 수학 문제를 풀 때 어려워서 짝꿍한테 물어봤어요.

□ □ 보건실이 어딘지 몰라 헤매고 있을 때 친구가 보건실에 같이 가줬어요.

선생님의 제안

아이는 자라면서 도움이 필요한 상황을 다양하게 맞닥뜨립니다. 그럴 때 적절하게 도움을 요청하는 방법을 알아야 합니다. 중요한 것은 일상에서나 학습에서나 어려움이 있다면 표현할 줄 알아야 한다는 것입니다. 평소 아이와 긍정적으로 소통하면서 부모님을 충분히 의지할 수 있는 대상으로 인지하게 해 주세요. 부모님을 의지할 수 있어야, 선생님 역시 신뢰할 수 있는 어른으로 인식하고 필요한 도움을 요청할 수 있습니다.

이렇게 해 볼까?

도와달라고 이야기하는 게 쉽지 않지? 엄마아빠도 네 마음을 이해해. 엄마아빠가 없는 학교에서는 담임선생님께 용기를 내 도움을 요청하자.

한 줄 반짝이는 생각

도움이 필요한 순간, 용기 있게

라고 말할래요.

75

목요일

•자존감•

마음이 편안해지는 장소가 있어?

- ☐ ☐ 엄마아빠가 있는 집이 제일 편해요.
- ☐ ☐ 학교도 좋고 집도 좋아요. 다 편하고 즐거워요.
- ☐ ☐ 저는 제 방이 가장 편하고 좋아요.

선생님의 제안

마음이 편안한 장소는 정서적 안정을 위해 필요합니다. 또 마음이 편안한 장소를 스스로 알고 있어야 힘들 때 자신만의 시간을 가질 수 있습니다.

이렇게 해 볼까?

힘이 들 때는 마음이 편안해지는 장소에 가 봐. 그 장소에서 너만의 시간을 보내면 불안했던 마음이 편안해질 거야.

한 둘 반짝이는 생각

마음이 불안할 때는

할래요.

지금 어디든 갈 수 있다면 어디로 가고 싶어?

- ☐ ☐ 학교 교실에서 집으로 슝 날아가고 싶어요.
- ☐ ☐ 신나게 놀 수 있는 놀이공원에 가고 싶어요.
- ☐ ☐ 반 친구들이 있는 학교로 가서 함께 놀고 싶어요.

선생님의 제안

아이가 가고 싶어 하는 곳이 어딘지 들어보세요. 현실적이지 않거나 독특한 장소를 답하더라도 상상력에 긍정적으로 반응하는 것이 중요합니다. 만약에 현실 속 장소로 답했다면 아마도 행복한 기억이 있는 장소일 것입니다.

이렇게 해 볼까?

엄마아빠와 손을 잡고 좋아하는 곳에 가는 상상을 해 보자. 그 장소에 가고 싶은 이유를 말해 봐. 엄마아빠는 언제나 너의 이야기에 귀 기울이고 있어.

한 줄 반짝이는 생각

내가 지금 가고 싶은 곳은

입니다.

학부모 총회에 가서 하는 것

　새 학기가 시작되는 3월의 중순 즈음에는 많은 학교가 학부모 총회를 실시합니다. 학부모 총회는 1년 동안의 교육과정 계획을 살펴보고, 교실에서 담임선생님을 만나 안내를 받는 시간이기도 합니다. 학부모 총회에서는 중요한 일정이나 교사의 교육관, 학급 실태 등의 다양한 정보를 얻을 수 있기 때문에 참여하는 것이 좋습니다. 담임선생님께서 직접 학급 운영에 대한 이야기를 하는 기회가 많지 않기 때문에, 꼭 참석하여 학급 운영에 관해 궁금한 점을 질문하거나, 아이의 학교생활을 지원하기 위해 알아야 할 내용을 미리 확인할 수 있습니다. 일부 학교의 경우 학부모 총회가 있는 날 학부모공개수업을 하는 경우도 있습니다. 총회의 경우 학급별로 다르지만, 학교 설명회에서 담임선생님과의 대화 시간을 고려하면 약 2시간 정도 소요됩니다. 학교의 상황에 따라 다르겠지만, 학부모 총회 순서는 전체 총회 이후 학급 총회 순서로 진행되는 경우가 많습니다.

　전체 총회는 대체로 국민의례, 학교 소개 및 교장선생님의 인사, 주요 교직원 및 학교운영 보고, 학교 교육과정 및 학교만의 특색 있는 교육 안내, 학사일정 안내, 간단한 학부모 연수로 진행이 됩니다. 학급 총회는 담임선생님의 학급 경영관을 소개하고 교육과정을 소개하며, 학부모대표를 선출하는 등의 과정을 거칩니다. 학부모 총회에 참석하면 혹시 학급 학부모회 임원으로 선출될 것이 우려되어 가지 않는 경우도 있습니다. 그러나 우리 아이의 학교생활 첫 단추를 잘 꿰고 학급을 파악하기 위해서는 학부모 총회에 참여하는 것이 바람직합니다. 학부모 총회에 참석한 후에 자녀와 함께 학교 선생님과 우리 교실의 모습에 대해 이야기 나누어 보는 것도 아이에게 좋은 기억이 될 수 있습니다.

사물함 정리는 얼마나 자주 해?

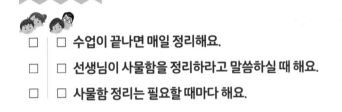

- ☐ ☐ 수업이 끝나면 매일 정리해요.
- ☐ ☐ 선생님이 사물함을 정리하라고 말씀하실 때 해요.
- ☐ ☐ 사물함 정리는 필요할 때마다 해요.

선생님의 제안

집에서 방 정리를 해야 하는 것처럼, 학교 사물함도 정리해야 한다는 것을 놓치는 경우가 많습니다. 사물함은 친구들과 함께 생활하는 교실에서 사용하는 모든 물건이 들어가 있기 때문에, 자주 지저분해져 정리가 꼭 필요합니다. 대화를 통해 사물함을 정리해야 하는 이유와 방법을 알려주세요.

이렇게 해 볼까?

사물함 정리를 왜 해야 할까? 제대로 정리해 두면 필요한 물건을 쉽게 찾을 수 있기 때문이야. 사물함 정리하는 연습을 엄마아빠와 집에서 같이 해 볼까?

한 줄 반짝이는 생각

사물함 정리의 첫 번째 단계는

입니다.

상상화 그리기를 한다면 무엇을 그리고 싶어?

- ☐ ☐ 나만의 신기한 동물을 상상해 그려 보고 싶어요.
- ☐ ☐ 가족이 다 같이 우주여행을 떠난 모습을 그릴래요.
- ☐ ☐ 로봇 선생님이 교실에 와서 수업하는 걸 그릴래요.

선생님의 제안

아이들은 상상화를 그리는 과정에서 새로운 아이디어를 구상하고 자신의 내면 세계를 표현하기도 합니다. 소재를 찾는 것에 어려움을 겪는다면 재미있게 읽은 책이나 가 보고 싶은 장소 등 친근한 소재로 시작하여 자유롭게 상상을 표현할 수 있도록 격려해 주세요.

이렇게 해 볼까?

100년 후 미래에 우리가 사는 모습은 어떨까? 외계인을 만나 함께 논다면 무엇을 하고 싶니? 동화 속 세상에 들어간다면 어떤 모습일까? 자유롭게 상상하여 그림으로 나타내 보자.

한 줄 반짝이는 생각

저는 마음껏

을/를 하는 모습을 그리고 싶어요.

학교 가는 길을 엄마아빠한테 설명해 줄래?

- ☐ ☐ 큰 길을 따라 쭉 걸어가면 우리 학교에 갈 수 있어요.
- ☐ ☐ 아파트 단지 입구에서 신호등을 건너면 나와요.
- ☐ ☐ 학교 가는 길이 헷갈려요. 잘 모르겠어요.

선생님의 제안

길을 잃었을 때도 집에 찾아올 수 있게 학교나 집 근처의 지리를 익히는 것이 필요합니다. 아이가 설명하기 어려워하는 경우, 등하굣길을 몇 번 정도 함께 걸어 주시거나, 주말에 오가며 학교 주변 건물 등을 아이와 함께 확인할 필요가 있어요.

이렇게 해 볼까?

우리 집 근처에 있는 큰 건물들을 기억해 보자. 길을 잃었을 때 집을 찾을 수 있을 거야.

한 줄 반짝이는 생각

우리 학교 근처에는

이/가 있어요.

어려운 문제를 만났을 때 어떤 기분이 들어?

- ☐ ☐ 자신감이 사라져서 문제를 풀기 어려운 마음이 들어요.
- ☐ ☐ 스스로 문제를 풀어서 뿌듯했어요.
- ☐ ☐ 선생님이 도와주셔서 문제를 풀고 기분이 좋았던 적이 있어요.

선생님의 제안

대부분의 아이들은 어려운 문제를 만났을 때 쉽게 포기하거나 부모나 교사에게 도움을 청해 문제를 해결하고자 합니다. 이때 단순히 답을 알려 주기보다는 인내심을 가지고 아이가 알고 있는 것을 바탕으로 문제를 풀 수 있도록 도와주어야 합니다. 스스로 문제를 해결하며 느끼는 성취감은 공부 자신감의 원동력이 됩니다.

이렇게 해 볼까?

어떤 문제가 어렵게 느껴지니? 이 문제랑 관련해서 배운 것이 무엇인지 떠올려 볼까? 어느 부분이 어려운지 엄마아빠한테 이야기해 줄래?

한 줄 반짝이는 생각

어려운 문제를 만나면

해 볼래요.

등굣길에 본 것 중에 기억에 남는 것은 뭐야?

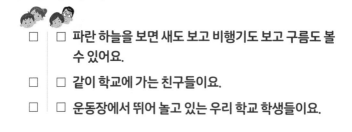

- ☐ ☐ 파란 하늘을 보면 새도 보고 비행기도 보고 구름도 볼 수 있어요.
- ☐ ☐ 같이 학교에 가는 친구들이요.
- ☐ ☐ 운동장에서 뛰어 놀고 있는 우리 학교 학생들이요.

선생님의 제안

학교 가는 길은 아이들이 호기심을 느끼고 세상에 대한 궁금증을 더하는 시간입니다. 주위를 잘 관찰하고, 무엇에 호기심을 느끼고 있는지를 이야기 나누어 보세요. 등굣길 작은 미션(친구를 만나면 인사하기, 구름 모양 관찰하기)를 통해 등굣길을 즐겁게 만들어 보는 것도 좋습니다.

이렇게 해 볼까?

학교 가는 길이 아직은 낯설고 멀지? 학교 가는 길에 신기하거나 기분이 좋아지는 것들에 무엇이 있는지 엄마아빠와 이야기해 볼까? 매일 아침 기분 좋은 것들을 보면 학교 가는 시간이 행복해질 거야.

한 줄 반짝이는 생각

학교에 갈 때

_____

를 보며 매일 웃어 볼래요.

우리 아이의 급식이 궁금하면? 급식 모니터링

아이가 학교에 입학해서 잘 적응하고 있는지, 급식 시간에 음식은 골고루 잘 먹고 있는지, 학교에서 나오는 식사는 어떤지 궁금할 때는 '급식 모니터링' 제도를 이용할 수 있습니다.

급식 모니터링이란 학교 급식실에 직접 방문하여 급식실의 위생 상태, 식재료 선별부터 아이들이 배식 받는 모습 등 학교 급식의 과정을 참관할 수 있는 제도입니다. 오전에 참여하게 되면 급식실의 청소 및 위생 상태, 식자재 검수 상황을 확인할 수 있으며 급식 메뉴를 직접 먹어 볼 수 있으므로 아이가 어떤 공간에서 어떤 음식을 먹는지도 확인할 수 있습니다. 배식 시간에 모니터링에 참여하게 되면 아이가 점심시간에 어떤 모습으로 식사하는지, 음식을 흘리지 않고 골고루 잘 먹는지 등을 지켜볼 수도 있습니다. 급식 모니터링은 집에서 볼 수 없는 아이의 식습관을 관찰하고 이해할 수 있는 기회입니다. 아이가 어떤 음식을 좋아하고 먹기 어려워하는지 확인하여 가정에서 함께 식단을 관리해 보세요. 아이의 건강을 챙길 수 있는 동시에 아이의 학교생활에 대한 공감과 이해도 높일 수 있습니다.

급식 모니터링은 학교마다 시기나 진행 방법이 조금씩 다를 수 있습니다. 학기 초 안내되는 가정통신문을 확인하여 시기를 놓치지 않고 참여해 주세요.

월요일
•생활•

요즘 즐겁게 보는 영상이 있어?

☐ ☐ 학교에서 선생님이 보여주시는 동요 영상이 재미있어요.

☐ ☐ 장난감이나 만화 캐릭터가 나오는 영상을 볼 때 즐거워요.

☐ ☐ 한글 공부할 때 보는 영상 덕분에 한글 공부가 재미있어요.

선생님의 제안

초등학교 저학년 시기에는 무조건 영상을 금지하는 것보다 아이가 좋아하는 영상을 함께 시청하는 시간을 갖는 것도 좋은 방법입니다. "영상을 통해서 좋아하는 것을 배우고 성장할 수 있어. 네가 좋아하는 종이접기 영상을 보고 엄마아빠와 따라해 볼까?"와 같은 대화를 통해 건전한 영상 시청 방법을 알려주세요.

이렇게 해 볼까?

요즘 즐겁게 보는 영상이 있어? 왜 그 영상이 재밌니? 영상을 보는 것도 즐겁지만 가족, 친구와 보내는 시간도 즐거울 거야. 우리 함께 나가서 걸어 볼까?

한 줄 반짝이는 생각

요즘에는

영상이 재미있어요.

가장 즐거운 방과후활동은 뭐야?

- ☐ ☐ 배드민턴이요. 뛸 수 있어서 좋아요.
- ☐ ☐ 요리 만들기요. 평소에 못하는 요리를 할 수 있어서 좋아요.
- ☐ ☐ 플룻이요. 선생님이랑 발표회 준비하는 게 즐거워요.

선생님의 제안

방과후활동을 선택할 때 아이들은 평상시에 자신이 하고 싶고 좋아하는 걸 생각해 선택합니다. 따라서 방과후활동을 통해 아이가 구체적으로 어떤 경험을 하고 있는지 꾸준히 관심을 갖고 지켜보는 것은 아이의 마음을 읽을 때 큰 도움이 됩니다. 저학년 시기에는 예술과 체육 역량을 높이는 것이 학교생활의 기초를 닦고 자신감을 높이는 데 도움이 된다는 점도 기억해 주세요.

이렇게 해 볼까?

앞으로 어떤 방과후활동을 하고 싶어? 이미 잘하는 분야를 더 공부해 보는 것도 좋을 것 같아! 어떤 수업을 신청할지 함께 정해 볼까?

한 줄 반짝이는 생각

다음 번에는

활동을 해 보고 싶어요.

이제까지 들어 본
최고의 칭찬은 뭐였어?

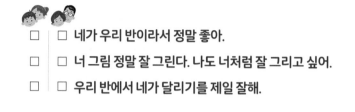

□ | □ 네가 우리 반이라서 정말 좋아.

□ | □ 너 그림 정말 잘 그린다. 나도 너처럼 잘 그리고 싶어.

□ | □ 우리 반에서 네가 달리기를 제일 잘해.

선생님의 제안

칭찬은 우리 아이들을 춤추게 합니다. 아이의 기분이 좋지 않거나 힘이 없어 보일 때, 이제까지 들어본 최고의 칭찬을 떠올려보면 좋습니다. 어떤 칭찬이 우리 아이를 행복하게 했는지 알게 되면 아이의 기분이 좋지 않을 때나 또는 칭찬해야 할 상황에 적절하게 활용할 수 있습니다.

이렇게 해 볼까?

이제까지 들은 칭찬 중 최고의 칭찬을 떠올려 보고 기분이 어땠는지 생각해 보자. 그 칭찬을 또 듣고 싶지 않아? 힘이 들 때, 칭찬받은 기억을 떠올리며 마음을 가다듬어 보자.

한 줄 반짝이는 생각

내가 들은 최고의 칭찬은

입니다.

오늘 학교에서 어떤 일이 가장 힘들었니?

☐ ☐ 어려운 수학 문제가 있어서 힘들었어요.

☐ ☐ 사물함을 어떻게 해 정리해야 할지 몰라 힘들었어요.

☐ ☐ 엄마와 학교 앞에서 헤어지는 게 힘들었어요.

선생님의 제안

우리 아이들은 학교에서 많은 시간을 보내게 됩니다. 이 시간 중 즐거운 시간도 있겠지만 힘든 시간도 있습니다. 우리 아이가 어떤 시간을 힘들어했는지 물어보고, 이 힘든 시간을 잘 견딜 수 있는 방법에는 어떤 것이 있는지 알아보고 가르쳐 주세요.

이렇게 해 볼까?

힘든 일이 있으면 부모님, 선생님, 친구에게 이야기하면 좋아. 혼자서 해낼 수 있는 일도 있지만, 도움을 받고 해낼 수 있는 일도 많아. 어떤 점이 힘든지 이야기하고 어떻게 해결해야 하는지 차근차근 배워보자.

한 줄 반짝이는 생각

이제 학교에서 힘든 일이 생기면

을/를 할래요.

비 오는 날
뭐하고 놀고 싶어?

- ☐ ☐ **우산 쓰고 달팽이를 찾으러 가고 싶어요.**
- ☐ ☐ **우비만 입고 비 오는 날 모래놀이를 하고 싶어요.**
- ☐ ☐ **우산을 빙글빙글 돌리며 걷고 싶어요.**

선생님의 제안

비 오는 날 밖으로 나가 다양한 경험을 하는 것은 아이에게 특별한 추억을 선사합니다. 우산과 우비를 준비해 아이와 함께 빗소리도 듣고 아이가 자연을 관찰할 수 있는 시간을 보낼 수 있게 도와주면 좋습니다. 비 오는 날에만 느낄 수 있는 정취를 느끼며 아이와 대화해 보세요.

이렇게 해 볼까?

비 오는 날 우산 쓰고 나가 볼까? 빗소리도 듣고, 달팽이도 구경하러 가 보자. 비 오는 날 밖에서 노는 것도 재미있어.

한 줄 반짝이는 생각

비가 오면

_____

하면서 놀고 싶어요.

1학년 첫 학부모 상담은 어떻게?

학교마다 학부모 상담 시기는 다르지만 대개 1학년의 경우, 1학기 초반에 학부모 상담을 실시하는 경우가 많습니다. 1학년 첫 학부모 상담 때 어떤 내용을 담임선생님께 전달하고 질문해야 할까요?

첫째, 사전 양식에 적었더라도 중요한 내용은 상담시 한 번 더 말씀해 주세요. 글보다는 말로 전할 때, 더 잘 이해될 수 있습니다. 특히 건강과 관련된 문제들, 예를 들어 알레르기 여부는 양식으로 적어 제출하셨더라도 담임 선생님을 거치지 않고 보건·영양 선생님께 직접 전달되기도 합니다. 담임선생님에게도 반드시 말해 주세요.

둘째, 주보호자가 누구인지 전달해 주세요. 우리 아이의 양육과 관련된 모든 가족이 다 중요하지만 담임선생님과의 소통 창구는 통일되어야 연락과 상담이 분산되지 않습니다.

셋째, 한 학기 동안 달성하고 싶은 목표를 이야기해 주세요. 한 학기 동안 아이가 어떻게 성장했으면 좋겠는지 말씀하시면 됩니다. 학부모님이 생각한 목표에 따라 담임 선생님은 학급을 어떻게 운영하고 아이를 어떻게 지도할지 고려할 수 있습니다.

넷째, 방과후 아이 모습을 들려주세요. 학교 수업이 끝나면 아이의 스케줄은 어떻게 되는지, 방과후 누구의 돌봄을 받는지 등을 알려주시면 담임 선생님이 아이를 이해하는 데 도움이 됩니다.

월요일 •창의력•

순간이동이 딱 한 번 가능하다면 어디로 가고 싶어?

- □ □ **놀이공원으로 이동해 내가 좋아하는 놀이기구를 타고 싶어요.**
- □ □ **우주로 가서 우주 여행을 하고 싶어요.**
- □ □ **학교에서 집으로 순간이동해서 혼자 놀고 싶어요.**

선생님의 제안

누구나 한 번쯤 순간이동을 하고 싶어 합니다. 저학년의 경우 창의력이 뛰어나기 때문에, 어른들이 생각 못한 답을 할 때가 있습니다. 아이들의 호기심을 자극할 수 있는 순간이동 소재를 활용해 아이와 재미있는 이야기를 나누어 보세요.

이렇게 해 볼까?

엄마아빠와 함께 손잡고 가고 싶은 곳이 있니? 엄마아빠 손을 잡고 순간이동을 해 보면 어떨까?

한 줄 반짝이는 생각

엄마아빠, 우리 함께

으로 순간이동 할 거예요.

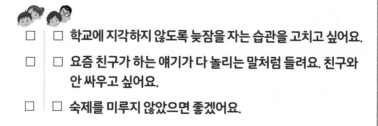

화요일
•태도•

스스로 고치고 싶은
부분이 있다면 무엇이니?

- ☐ ☐ 학교에 지각하지 않도록 늦잠을 자는 습관을 고치고 싶어요.
- ☐ ☐ 요즘 친구가 하는 얘기가 다 놀리는 말처럼 들려요. 친구와 안 싸우고 싶어요.
- ☐ ☐ 숙제를 미루지 않았으면 좋겠어요.

선생님의 제안

아이가 고치고 싶은 부분에 대해 이야기할 때, 판단하거나 비난하지 않고 먼저 끝까지 들어주세요. 고치고 싶다는 것은 스스로 문제점을 자각했다는 것이기 때문에, 다른 문제 행동보다 더 쉽게 고칠 수 있습니다. 어떻게 고치면 좋을지 구체적인 행동을 같이 이야기해 보셔도 좋습니다.

이렇게 해 볼까?

네가 말한 것을 고치기 위해서 매일 어떻게 노력하면 될까? 혼자 노력하기 어렵다면 도와줄게.

한 줄 반짝이는 생각

나쁜 습관을 고치기 위해 가장 중요한 것은

이에요.

하고 싶은 일이 잘 안될 때는 어떤 마음이 들어?

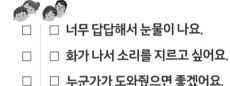

□ □ **너무 답답해서 눈물이 나요.**

□ □ **화가 나서 소리를 지르고 싶어요.**

□ □ **누군가가 도와줬으면 좋겠어요.**

선생님의 제안

좌절감을 경험했을 때 울거나 소리를 지르는 등 부정적인 반응을 보인다면 부모님의 도움이 필요합니다. 먼저 아이의 감정에 공감하고 잠시 쉬며 감정을 가라앉히거나, "할 수 있어!"와 같은 긍정적인 말로 격려하는 것도 좋은 방법입니다.

이렇게 해 볼까?

하고 싶은 일이 잘 안돼서 속상했구나. 우리 잠깐 쉬었다가 다시 도전해 볼까? 많이 어려우면 엄마아빠가 도와줄게. 너무 속상하다면 눈을 감고 숨을 크게 세 번 쉬는 것도 좋아.

한 줄 반짝이는 생각

하고 싶은 일이 잘 안되면

한 마음이 들어요.

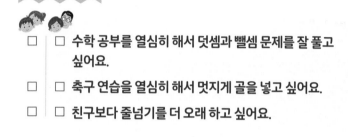

목요일

•자존감•

올해 더 잘 해내고 싶은 일이 있어?

- [ ] [ ] 수학 공부를 열심히 해서 덧셈과 뺄셈 문제를 잘 풀고 싶어요.
- [ ] [ ] 축구 연습을 열심히 해서 멋지게 골을 넣고 싶어요.
- [ ] [ ] 친구보다 줄넘기를 더 오래 하고 싶어요.

선생님의 제안

아이들은 부모님의 기대에 부응하고 싶어 합니다. 또 친구에게 인정받고 싶어 합니다. 그래서 마음속 깊이 더 잘하고 싶은 일들이 있기 마련입니다. 우리 아이가 더 잘하고 싶은 일은 무엇인지 물어봐 주세요. 그리고 지금도 잘하고 있다고 격려해 주세요.

이렇게 해 볼까?

지금도 충분히 잘하고 있어. 더 잘하고 싶은 마음에 속상할 때도 있겠지만, 너무 서두르지 않아도 돼. 계속해서 노력한다면 좋은 결과가 있을 거야. 우리 같이 힘내 볼까?

한 줄 반짝이는 생각

엄마, 저 지금도 잘하고 있죠? 저

연습 열심히 할게요.

잠들기 전에
무슨 생각을 하니?

- ☐ ☐ 오늘 학교에서 선생님께 칭찬받은 일을 생각해요.
- ☐ ☐ 내일 학교에 가서 친구들과 뭐하면서 놀지 생각해요.
- ☐ ☐ '내일 학교에 씩씩하게 등교할 수 있을까?' 걱정을 해요.

선생님의 제안

우리 아이들도 잠들기 전에 내일 일어날 일에 대한 기대와 걱정 등 많은 감정을 느낍니다. 잠들기 전 부정적인 생각과 감정에 사로잡혀 있다면 해소하는 것이 좋습니다. 혹 아이가 걱정하고 있다면 괜찮을 거라고 다독여 주세요.

이렇게 해 볼까?

행복은 마음먹기 나름이란다. 걱정은 잠시 지우개로 지우고, 마음속에 행복을 그려보며 잠드는 건 어떨까?

한 줄 반짝이는 생각

내일 아침에 일어나서 엄마한테

라고 말할 거예요.

컴퓨터를 공부하고
입학하는 것이 좋을까요?

컴퓨터는 우리 아이들에게 빼놓을 수 없는 중요한 도구입니다. 학교에서도 컴퓨터를 활용한 다양한 학습 방법과 자료를 제공하고 있습니다. 당연히 저학년에게도 컴퓨터의 기본 기능을 익히는 수업을 진행합니다. 예를 들어 컴퓨터 전원을 켜기, 그림 그리기, 한글 타자 치기 등 저학년 학생들이 할 수 있는 활동들을 배우게 됩니다.

아이들에게 컴퓨터가 단순히 게임을 하기 위한 도구가 아니라, 다양한 활용 방법이 있다는 것을 설명하는 것이 중요합니다. 또한 컴퓨터의 기본 구성 요소인 모니터, 본체, 키보드, 마우스 등 각각의 기능과 활용 방법을 알려주는 게 좋습니다. 예를 들어 컴퓨터 전원은 어떻게 켜는지, 키보드로 어떻게 내용을 입력하고 지우는지, 한영 키는 어떤 역할을 하는지 설명해 주세요. 그리고 마우스의 두 버튼 기능도 알아두는 것이 좋습니다. 왼쪽 버튼과 오른쪽 버튼의 기능이 다르기 때문에 충분히 조작해 보고 이해하는 것이 필요합니다.

기본적인 컴퓨터 기능을 알고 수업에 참여하는 것과 그렇지 않은 경우에는 큰 차이가 있습니다. 만약 가정에서 지도하기 어렵다면, 방과후활동 중 컴퓨터 수업을 추천드립니다. 아이들은 습득력이 매우 뛰어나기 때문에 금방 익힐 수 있습니다.

우리 아이가 컴퓨터를 경험할 수 있는 시간과 기회를 입학 전에 충분히 제공해 주세요. 수업에 자신감이 생길 것입니다.

하루에 한 시간이 늘어난다면 무엇을 하고 싶어?

- ☐ ☐ 숙제가 너무 많아서 밀린 숙제를 해야 할 것 같아요.
- ☐ ☐ 시간이 더 있다면 엄마와 놀러 가고 싶어요.
- ☐ ☐ 친구들과 운동장에서 실컷 뛰어놀고 싶어요.

선생님의 제안

아이의 관심사나 부담 요소를 알 수 있는 힌트 질문입니다. 대부분은 자신이 요즘 몰입해 있는 활동을 이야기할 가능성이 높습니다. 아이가 현재 어떤 활동에 관심이 많은지 이야기를 나누고 함께해 주세요.

이렇게 해 볼까?

해야 할 일이 많아 마음이 무겁구나. 엄마가 너를 어떻게 도와줄 수 있을까? 숙제나 학원 시간을 조절해야 한다면 말해 줄래?

한 뼘 반짝이는 생각

시간이 더 있을 때

를 하면 행복할 거예요.

화요일
•생활•

요새 친구들 사이에서 가장 인기 있는 직업이 뭐야?

☐ ☐ 우리 반 선생님처럼 좋은 선생님이요.

☐ ☐ 우리를 지켜주는 씩씩하고 멋진 경찰관이요.

☐ ☐ 맛있는 음식을 만들어 사람을 행복하게 해 주는 요리사요.

선생님의 제안

우리 아이가 어떤 직업을 좋아하는지 왜 이 직업을 좋아하는지 이해하는 것은 매우 중요합니다. 초등 시기에 진로를 결정해야 하는 것은 아니지만 계속 관심을 가지면 아이의 재능이나 소질을 계발하는 데 도움이 되기 때문입니다. 또한 아이의 관심사를 알아야 아이와 대화가 끊기지 않고 재미있게 대화를 이어 나갈 수 있습니다.

이렇게 해 볼까?

친구들이 좋아하는 직업에는 어떤 게 있어? 왜 친구들이 그 직업을 좋아하는지 설명해 줄 수 있어? 또 그 직업은 어떤 일을 해?

한 줄 반짝이는 생각

우리 반에서 가장 인기 있는 직업은

입니다.

꿈이 무엇이라고 생각해?

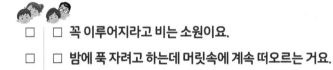

- ☐ ☐ 꼭 이루어지라고 비는 소원이요.
- ☐ ☐ 밤에 푹 자려고 하는데 머릿속에 계속 떠오르는 거요.
- ☐ ☐ 나중에 어른이 되면 되고 싶은 모습이 꿈이에요.

선생님의 제안

부모님이 바라는 자녀의 모습, 우리 아이의 장래희망에 대한 이야기도 좋지만 부모님의 꿈에 대해 들려주시는 건 어떨까요? 부모님에게도 부모님의 꿈이 있으니까요. 부모님의 이루고픈 꿈은 우리 아이에게도 흥미로운 주제이며 삶을 살아가는 데 이정표가 되기도 합니다.

이렇게 해 볼까?

엄마는 어렸을 때 비행기 조종사가 되고 싶었어. 파란 하늘을 날아보고 싶었거든. 너는 어떤 꿈을 갖고 싶은지, 왜 그 꿈에 관심이 있는지 알려줄래? 우리 아빠의 꿈은 무엇이었는지도 물어볼까?

한 줄 반짝이는 생각

나의 꿈은

입니다.

하기 싫은데 억지로
하고 있는 것이 있니?

- ☐ ☐ 아침에 일어나면 학교 가기 싫어요.
- ☐ ☐ 학교 끝나고 학원에 가기 싫어요. 친구들과 놀고 싶어요.
- ☐ ☐ 저는 매일 즐거워요. 하기 싫은데 억지로 하는 것도 없어요.

선생님의 제안

이 질문을 나눌 때는 아이가 억지로 하고 있다고 말한 것을 하지 않도록 해 줄 수 있는지, 아니면 그래도 해야 하는 이유를 설명해 줄 것인지 부모님이 먼저 정해야 합니다. 대화를 하고 아이의 마음을 읽어 준다고 해서 아이가 자신이 원하는 대로 다 될 거라는 생각을 가지는 것은 바람직하지 않습니다. 부모님이 어느 정도 선을 정해두고 아이의 반응에 맞게 대화를 이끄는 것이 좋습니다.

이렇게 해 볼까?

학교에 적응하는 게 쉽지 않을 수 있어. 그렇지만 학교는 가야 해. 왜 학교에 가기 싫은지 말해 줄 수 있어? 엄마가 학교 다니는 것이 즐거울 수 있도록 도와줄게.

한 줄 반짝이는 생각

학교에 가기 싫을 때도 있지만 학교는

(이)라서 재미있기도 해요.

지금까지 했던 것 중에 가장 뿌듯한 일이 뭐야?

- ☐ ☐ 받아쓰기에서 100점 맞은 거요.
- ☐ ☐ 놀이기구를 탈 수 있을 만큼 키가 많이 자란 거요.
- ☐ ☐ 선생님한테 수업 시간에 글씨 잘 쓴다고 칭찬 들은 거요.

선생님의 제안

아이의 자존감을 높이기 위해서는 스스로 얼마나 멋진 사람인지를 인식하고 표현하는 것이 중요합니다. 아이가 자기 자신을 사랑하고 그것을 드러내는 과정에서 자신감이 높아지기 때문입니다. 만약 아이가 시험이나 100점 등 학업에 대한 대답만 한다면, 다른 다양한 활동에서도 잘 성장하고 있으며 칭찬받을 것들이 많다는 것을 알려주는 것도 좋습니다.

이렇게 해 볼까?

공부 말고도 뿌듯한 순간이 있었을 거야. 엄마아빠가 보기에는 모든 방면에서 성실하게 잘 성장하고 있는 것 같아. 달리기를 잘하는 것, 음식을 골고루 먹는 것, 친구에게 양보했던 것들 모두 뿌듯한 순간들이지?

한 줄 반짝이는 생각

나는 평소

할 때 뿌듯해요.

9시 등교 시간보다 얼마나 일찍 일어나야 할까요?

대부분의 초등학교 1교시 시작 시간은 9시입니다. 학교마다 상황이 다르지만 많은 학생들이 8시 50분 정도에 등교합니다. 9시 정각에 맞추어 등교를 할 경우 1교시 수업이 강당 등 교실 밖에서 진행될 경우 이동에 늦을 수 있으며, 친구들과 선생님께 인사하고 교과서를 준비하거나 제출할 가정통신문을 꺼낼 시간이 부족할 수 있습니다. 학교까지의 거리를 고려하여 적어도 한 시간 정도는 일찍 일어나야, 여유롭게 등교를 준비할 수 있습니다.

아침이 여유로워지면 첫째, 등교 스트레스가 줄어듭니다. 아침에 바로 잠이 깨는 아이도 있지만 충분한 시간을 가지고 씻고, 옷을 갈아입고, 아침 식사를 해야 잠이 깨는 아이도 있습니다. 엄마가 조급하면 아이도 조급해지고, 등교 준비가 조급해지면 더 학교에 가기 싫어집니다.

둘째, 친구들과 함께 등교할 수 있습니다. 늦을까 봐 마음이 급해지면 등굣길에 학교만 보고 달려오게 됩니다. 또 다른 친구들은 이미 등교한 이후이기 때문에 혼자서 등교할 수밖에 없습니다. 많은 학생들이 등교할 때 같이 등교해야 안전하고 또 친구들과 이야기를 나누며 등교할 수 있습니다.

셋째, 일정한 시간에 일어나는 습관은 규칙적인 생활 리듬을 만드는 데 도움이 됩니다. 특히 초등학교는 낮잠 시간이 없고 쉬는 시간에도 대부분 뛰어놀거나 친구들과 교류하기 때문에, 입학 초반에는 급식 시간 이후에 피곤해하는 학생들이 많습니다. 저녁에 정해진 시간에 자고 또 아침에 일정한 시간에 일어나야 학교에 잘 적응할 수 있습니다.

학교에서 꼭
이기고 싶을 때는 언제야?

□ □ 친구들과 놀이할 때 지고 싶지 않아요.

□ □ 운동장에서 달리기나 축구를 할 때 꼭 이기고 싶어요.

□ □ 선생님께 더 많이 칭찬을 받고 싶어요.

선생님의 제안

경쟁에서 이기는 것과 지는 법을 아는 것 모두 중요합니다. 우리 아이가 언제 경쟁심을 느끼는지 알아보세요. 다른 아이와의 경쟁에서 이기거나 질 때, 어떤 말과 행동을 할 수 있는지 이야기 나누는 것은 학교생활에서 매우 중요합니다.

이렇게 해 볼까?

다른 친구와의 놀이에서 이기면 기분이 좋지? 반대로 다른 친구와의 놀이에서 졌을 때 기분은 어때? 이겼을 때와 졌을 때 내 기분이 어떻게 변하는지 생각해 보고 놀이에서 진 친구에게 어떻게 행동할지도 고민해 보자.

한 뼘 반짝이는 생각

친구와의 놀이에서 졌을 때 나는 친구에게

라고 말할 거예요.

화요일 •자존감•

네가 잘하는 것이 뭐라고 생각해?

- ☐ ☐ 저는 태권도를 잘해요. 얼마 전에 노란 띠를 따서 기뻐요.
- ☐ ☐ 글씨를 바르게 써서 선생님께 칭찬을 들었어요.
- ☐ ☐ 종이접기를 잘해서 친구들이 만들어 달라고 부탁할 때 기분 좋아요.

선생님의 제안

자신이 잘하는 것을 파악하는 것은 초등학교 저학년 시기 자아 정체성을 형성하는 데 많은 도움이 됩니다. 아이가 강점 찾기를 어려워한다면 아이가 무엇을 좋아하고 몰입하는지 관찰해 보세요. 또는 국가기초학력지원센터(k-basics.org) 홈페이지에서 [진단도구]-[초등학교]-[학습준비]도 메뉴에 접속한 뒤 학부모용 사회·정서역량 검사(1~2학년)를 활용해 볼 수도 있습니다.

이렇게 해 볼까?

사람마다 잘하는 것이 모두 다르단다. 꼭 공부가 아니라도 좋으니, 하고 있으면 즐겁고 열심히 할 수 있는 일을 함께 찾아볼까?

한 줄 반짝이는 생각

저는

을/를 할 때 가장 집중이 잘되고 기분이 좋아요.

너의 약점은 뭐라고 생각해?

- ☐ ☐ 한글을 읽고 쓰는 것이 아직 어려워서 국어 시간이 힘들어요.
- ☐ ☐ 달리기를 잘 못해서 잡기 놀이를 할 때마다 계속 술래가 돼요.
- ☐ ☐ 아침에 일찍 일어나는 것을 잘 못해요.

선생님의 제안

아이의 약점을 지나치게 강조하면 자존감에 부정적인 영향을 미칠 수 있습니다. 그러나 약점을 파악하고 극복할 수 있다는 자신감을 키워 주면 성취감을 느끼는 데 큰 도움이 됩니다. 약점을 개선하기 위한 구체적인 방법을 함께 찾으면서, 지속적인 관심과 응원을 보내 주세요.

이렇게 해 볼까?

누구나 어려워하는 것은 있어. 엄마아빠도 못하는 것이 있단다. 어려운 일이지만 함께 도전해 보지 않을래? 작을 일부터 차근차근 노력하면 금방 잘하게 될 거야!

한 줄 반짝이는 생각

저는 어려워하는 일을 잘하기 위해

_____

하며 노력할 거예요.

어린이날에 가족과 꼭 하고 싶은 일이 있어?

- ☐ ☐ 놀이기구 타고 신나게 놀 수 있는 놀이공원에 가고 싶어요.
- ☐ ☐ 좋아하는 동물과 인사할 수 있는 동물원에 가고 싶어요.
- ☐ ☐ 학교에서 친구들과 재미있게 한 꼬리잡기를 가족과 하고 싶어요.

선생님의 제안

어린이날이 설레는 이유는 그날만큼은 자신이 하고 싶은 것과 갖고 싶은 것을 가질 수 있다고 생각하기 때문입니다. 설레는 어린이날을 어떻게 계획하면 좋을지 아이와 즐겁게 이야기 나누어 보세요.

이렇게 해 볼까?

작년 어린이날 기억나? 올해 어린이날은 어떻게 지내면 가장 행복할 것 같아? 엄마아빠 귀에 소근소근 이야기해 볼까?

한 줄 반짝이는 생각

이번 어린이날에는 가족과 함께

을/를 하고 싶어요.

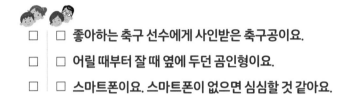

절대 버릴 수 없는 물건이 있다면 무엇이니?

□ □ 좋아하는 축구 선수에게 사인받은 축구공이요.

□ □ 어릴 때부터 잘 때 옆에 두던 곰인형이요.

□ □ 스마트폰이요. 스마트폰이 없으면 심심할 것 같아요.

선생님의 제안

애착 물건은 부모님을 대신하여 안정감을 느끼거나 스트레스를 조절하도록 도와주는 도구입니다. 우리 아이가 애착을 느끼거나 중요하게 생각하는 물건에 어떤 기분 좋은 추억이 있는지, 왜 아이에게 중요한지를 대화하며 아이의 관심 대상을 파악할 수 있습니다.

이렇게 해 볼까?

엄마아빠도 어렸을 적 소중한 물건이 있었어. 소중한 물건을 볼 때마다 마음도 편안해지고 갖고 놀 때 즐거웠던 기억이 나. 네가 좋아하는 건 또 뭐가 있는지 말해 줄래?

한 줄 반짝이는 생각

저에게 소중한 것은

입니다.

일년 내내 쓰는
다용도 보조가방 준비하기

한 번 준비하면 아이가 일년 내내 잘 쓰는 물건들이 있습니다. 그 중 하나가 다용도 보조가방입니다.

학교에서 보조가방은 여러 상황에서 쓰입니다. 초등학교 저학년 때는 소근육 발달을 위해 만들기 활동을 자주 합니다. 자녀가 만든 작품을 집으로 가져갈 때 쓸 수 있습니다. 또한 학교 안에서 실내화나 운동화를 담아야 할 때 유용합니다.

너무 작거나 큰 크기보다는 교과서가 들어가는 정도가 좋습니다. 교과서와 필통을 들고 이동이 필요한 경우 아이들의 손이 작기 때문에 필통을 자주 떨어뜨립니다. 그럴 때 교과서가 넉넉히 들어가는 정도의 보조가방이 있으면 좋습니다. 또한 가정통신문 제출을 자주 잊어버리는 아이를 위해서 가정통신문을 보조가방에 넣어 등교하면 등교하자마자 잊지 않고 제출할 수 있습니다.

어른들이 자주 매고 다니는 끈이 긴 에코백은 추천하지 않습니다. 가방의 끈이 길기 때문에 책상 고리에 걸었을 경우 가방이 제대로 걸리지 않고 바닥에 쓰러집니다. 또한 아이가 좋아하는 캐릭터의 견고한 보조가방의 경우 보통 부피감이 큽니다. 그래서 짝과 함께 자리에 앉을 때 책상 한쪽에 책가방과 보조가방을 모두 걸어야 하는데 가방이 걸리지 않습니다. 그리고 아이들은 물건을 자주 잃어버립니다. 가격이 저렴한 천으로 된 보조가방으로도 충분합니다.

부모님이나 선생님을 존경하는 이유가 있니?

- ☐ ☐ **우리가 건강하게 자랄 수 있게 도와주셔서요.**
- ☐ ☐ **우리가 알아야 할 내용을 재미있게 알려 주셔서요.**
- ☐ ☐ **항상 저희를 사랑해 주셔서요.**

선생님의 제안

아이에게 부모님과 선생님은 존경의 대상입니다. 부모님과 선생님에게 하고 싶은 말이나 잘하는 일을 들떠서 이야기하는 이유는 존경하는 대상에게 관심과 사랑을 받고 싶은 동시에 얼마나 사랑하는지 알리고 싶기 때문이지요. 우리 아이를 한 번 안아 주세요. 엄마아빠를 이렇게 생각해 줘서 고맙다고요.

이렇게 해 볼까?

누군가를 좋아하고 존경하는 일은 정말 멋진 일이야. 이렇게 멋진 일을 말해 줘서 고마워. 앞으로 누군가를 좋아하고 존경하는 일이 생기면 꼭 말해 줘.

한 줄 반짝이는 생각

내가 존경하는 사람은

입니다.

언제 설레는 마음이 드니?

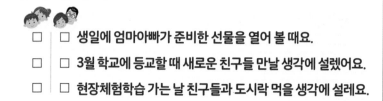

- ☐ ☐ 생일에 엄마아빠가 준비한 선물을 열어 볼 때요.
- ☐ ☐ 3월 학교에 등교할 때 새로운 친구들 만날 생각에 설렜어요.
- ☐ ☐ 현장체험학습 가는 날 친구들과 도시락 먹을 생각에 설레요.

선생님의 제안

아이가 새로운 놀이, 일, 학교생활을 기대하면서 설레는 모습을 보이는 것은 긍정적인 정서 발달의 신호입니다. 아이의 설레는 감정을 활용해 자신의 감정을 이해하고 관리하는 방법을 배우는 좋은 계기를 만들어 줄 수 있습니다.

이렇게 해 볼까?

설레는 일이 있다는 것은 정말 멋진 일이야. 설레는 일이 있을 때마다 엄마아빠에게 이야기해 줘. 엄마아빠도 고개를 끄덕이며 너의 이야기를 들어줄 거야.

한 줄 반짝이는 생각

지금 가장 설레는 일은

입니다.

언제 화나고 속상하니?

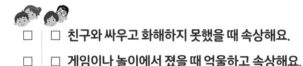

- ☐ ☐ **친구와 싸우고 화해하지 못했을 때 속상해요.**
- ☐ ☐ **게임이나 놀이에서 졌을 때 억울하고 속상해요.**
- ☐ ☐ **친구들이 놀릴 때 속상해요.**

선생님의 제안

우리 아이가 언제 가장 속상한지 묻는 것은 아이의 마음을 달랠 수 있는 좋은 방법이며 요즘 아이의 생활이나 감정이 괜찮은지 진단하는 방법이기도 합니다. 속상할 때 어떻게 해결하면 좋을지 차근차근 알려주세요. 부모님과 아이 사이에 신뢰감을 쌓을 수 있습니다.

이렇게 해 볼까?

속상한 일이 있을 때 엄마아빠에게 이야기해 줘. 엄마아빠는 늘 네 생각을 하니까 분명 좋은 해결 방법을 떠올릴 수 있을 거야.

한 줄 반짝이는 생각

엄마아빠, 나는

할 때 가장 속상해요.

친구에게 질투가 난 적이 있니?

- ☐ ☐ **친구가 나를 제치고 달리기 대표로 뽑혔을 때요.**
- ☐ ☐ **친구가 나보다 선생님께 칭찬을 많이 받을 때요.**
- ☐ ☐ **친구가 가진 예쁜 물건이 저에게는 없어서 속상했어요.**

선생님의 제안

질투는 아이의 자존감·자신감과 관련된 감정입니다. 아이가 주위 친구에게 부러움을 느낄 때는, "질투는 나쁜 것"이라거나 "그 친구는 원래 잘하는 친구"라는 식으로 비교하기보다는 누구나 질투를 느낀다는 말로 공감해 주세요. 아이가 충분히 잘하고 있다고 응원해 주시는 것이 중요합니다.

이렇게 해 볼까?

친구처럼 잘해 내고 싶은 마음이 드는 것은 당연한 거야. 네가 그만큼 성장하고 싶다는 신호이기도 하지. 꾸준히 노력하면 결국 잘해 낼 수 있을걸? 함께 연습해 보자.

한 줄 반짝이는 생각

앞으로

을/를 잘하려고 노력할래요.

만약 지금 담임선생님께 편지를 쓴다면 무슨 말을 하고 싶어?

- ☐ ☐ 선생님! 매일 저를 가르쳐 주셔서 감사해요.
- ☐ ☐ 만들기 수업이 너무 재밌어서 매일 하고 싶어요.
- ☐ ☐ 옆자리에 앉은 친구가 자꾸 저를 불편하게 해서 속상해요.

선생님의 제안

많은 아이가 학교생활이 어떤지 물으면 "그냥 괜찮아."와 같이 대충 이야기합니다. 이럴 때 선생님께 전하고 싶은 말을 물으면 학교생활에 대한 아이의 요구나 만족도를 알아볼 수 있습니다. 학교 상담에 참여하기 전, 담임선생님과 어떤 이야기를 나눌지 미리 계획해 볼 수도 있습니다.

이렇게 해 볼까?

선생님께 말하고 싶은데 쑥스러워서 하지 못한 말이 있으면 알려 줄래? 선생님께 감사했다거나 부탁하고 싶은 것이 있었다면 용기를 내어 내일 학교에서 말해 보자.

한 물 반짝이는 생각

학교에서

_____

할 때 선생님께 감사한 마음이 들어요.

긴 호흡으로 읽게 만드는
시리즈 그림책

아이가 스스로 책 읽는 즐거움을 깨달을 수 있도록 도움을 주는 방법 중 하나는 재미있는 '시리즈'를 찾는 것입니다. 시리즈 그림책은 이야기가 이어지기 때문에 아이의 관심을 지속적으로 유발할 수 있습니다. 다음 내용을 궁금해하거나 이전 내용을 떠올리며 독서의 즐거움 또한 느낄 수 있습니다.

1. '장난꾸러기 메메' 시리즈(마크 서머셋 저, 북극곰)

《똑똑해지는 약》, 《레몬에이드가 좋아요》, 《핫초코가 좋아요》

장난꾸러기 메메와 칠면조 칠칠이가 서로를 골탕 먹이기 위한 재미있는 작전을 펼칩니다. 메메와 칠칠이의 대화를 실감나게 따라 읽어 주면 재미가 두 배가 됩니다.

2. '고 녀석 맛있겠다' 15권 세트(미야니시 타츠야 저, 달리)

덩치가 크고 힘이 센 티라노사우루스가 약한 아기 공룡을 만나 일어나는 이야기로, 재미와 감동이 있어 아이들에게 두루두루 인기가 많습니다. 시리즈별로 이야기가 이어지지는 않지만, 책을 한 권씩 읽다 보면 부모님의 마음도 함께 따뜻해지는 책입니다.

3. '책 먹는 도깨비 얌얌이' 시리즈(엠마 야렛 저, 북극곰)

《책 먹는 도깨비 얌얌이》, 《공룡 책 먹는 도깨비 얌얌이》, 《백과사전 먹는 도깨비 얌얌이》, 《잘 자요! 책 먹는 도깨비 얌얌이》

말썽꾸러기 도깨비 얌얌이가 다양한 책을 먹으며 책의 내용을 엉망으로 바꾸어 버립니다. 책에 구멍도 뚫려 있고, 책에 구멍이 뚫려 있고, 책 안에 책이 등장하는 등 흥미로운 구성으로 초등 저학년부터 고학년까지 모두 좋아하는 책입니다.

오늘 가장
감사했던 일은 뭐야?

☐ ☐ 엄마가 맛있는 밥을 차려 주셨어요.

☐ ☐ 친구가 학용품을 빌려줬어요.

☐ ☐ 선생님이 재미있는 책을 읽어 주셨어요.

선생님의 제안

일상에서 감사한 일을 찾는 활동은 아이의 긍정적인 마음가짐과 스트레스 관리에 좋은 영향을 줍니다. 단순히 물질적인 것을 주고받았을 때뿐만 아니라 사소하고 당연한 것에서도 감사를 나눌 수 있다는 것을 알려주세요. "어지러운 신발장을 정리해 줘서 고마워."와 같이 부모님이 먼저 감사한 일을 표현해 보는 것이 좋습니다.

이렇게 해 볼까?

오늘 하루 있었던 일을 떠올려 봐. 어떤 일이 가장 소중하고 감사했니? 세상에는 고마운 일이 참 많단다. 감사하는 마음은 습관이야. 매일 작은 것이라도 감사하게 생각하는 시간을 가져보자.

한 줄 반짝이는 생각

오늘 하루

_____

때문에 감사했습니다.

구름은
무슨 맛일 것 같아?

- □ | □ 달콤한 솜사탕 맛일 것 같아요.
- □ | □ 먹으면 입이 간질간질 폭신폭신한 맛이 날 것 같아요.
- □ | □ 구름 모양에 따라 맛이 다를 것 같아요.

선생님의 제안

구름은 매일 모양이 변하기 때문에 다양한 상상을 하기에 좋은 재료가 됩니다. 또 구름이 아이들이 좋아하는 솜사탕을 닮았기 때문에 생각을 떠올리기 수월합니다. 솜사탕을 먹어 본 기억을 떠올리며 대화해 보세요.

이렇게 해 볼까?

지금 하늘에 어떤 구름이 떠 있는지 볼까? 저 구름은 무슨 모양 같아? 어떤 구름이 가장 마음에 드는지 알려줄래?

한 줄 반짝이는 생각

폭신폭신한 구름은

을 닮았어요.

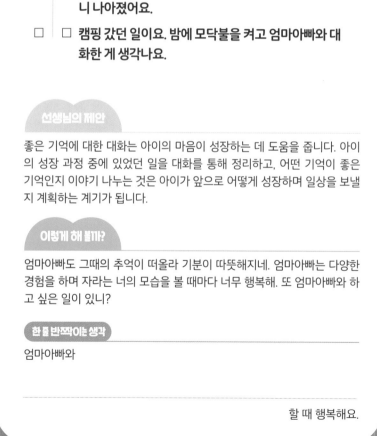

수요일 •태도•

이제까지 가장 기억에 남는 일은 뭐야?

- ☐ ☐ 생일파티요. 모두가 축하해 줘서 기분이 좋았어요.
- ☐ ☐ 장기자랑 시간이요. 처음에는 떨렸는데 엄마 얼굴을 보니 나아졌어요.
- ☐ ☐ 캠핑 갔던 일이요. 밤에 모닥불을 켜고 엄마아빠와 대화한 게 생각나요.

선생님의 제안

좋은 기억에 대한 대화는 아이의 마음이 성장하는 데 도움을 줍니다. 아이의 성장 과정 중에 있었던 일을 대화를 통해 정리하고, 어떤 기억이 좋은 기억인지 이야기 나누는 것은 아이가 앞으로 어떻게 성장하며 일상을 보낼지 계획하는 계기가 됩니다.

이렇게 해 볼까?

엄마아빠도 그때의 추억이 떠올라 기분이 따뜻해지네. 엄마아빠는 다양한 경험을 하며 자라는 너의 모습을 볼 때마다 너무 행복해. 또 엄마아빠와 하고 싶은 일이 있니?

한 줄 반짝이는 생각

엄마아빠와

_____

할 때 행복해요.

만약 친구가
없다면 어떨까?

□ | □ 같이 놀 친구가 없어서 심심할 것 같아요.

□ | □ 같이 등하교 할 친구가 없어서 외로울 것 같아요.

□ | □ 교실에 들어가면 아무도 없어서 기분이 안 좋을 것 같아요.

선생님의 제안

친구와의 관계는 학교생활에 매우 중요합니다. 이 질문에 대해 대화 나누며, 친구가 얼마나 중요한 존재인지 알려 주세요. 친구의 소중함을 깨닫게 되면 친구의 말에 공감하고 배려하는 아이로 성장할 수 있습니다.

이렇게 해 볼까?

내일 친구에게 "네가 내 옆에 있어서 정말 좋아."라고 편지를 써서 주는 건 어떨까?

한 줄 반짝이는 생각

네가 내

친구라서 좋아!

금요일
•창의력•

지금 기분을
날씨로 표현한다면
어떤 날씨야?

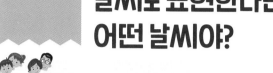

- ☐ ☐ 제 마음 속의 해가 쨍쨍해요.
- ☐ ☐ 왠지 비가 오는 것 같아요.
- ☐ ☐ 저도 잘 모르겠어요. 자꾸만 마음이 변해요.

선생님의 제안

우리 아이의 기분은 하루에도 수십 번 바뀝니다. 그렇지만 기분에 대해 물어보면 단순히 "좋아요.", "나빠요.", "모르겠어요."라고 대답하는 경우가 많습니다. 날씨를 활용해 이야기해 보면 왜 그런 기분을 느끼는지, 그 감정의 정도가 얼마나 강한지 등 많은 이야기를 나누는 물꼬가 됩니다.

이렇게 해 볼까?

비가 오는구나. 네 기분의 비가 얼마나 많이 내리는 것 같아? 비가 그치려면 얼마나 걸릴까?

한 줄 반짝이는 생각

내 마음은

같아요.

한글 실력과 문해력을 향상할 수 있는 그림책

저학년 시기의 언어 지도는 인위적인 수업 상황보다 아이가 흥미를 느끼는 일상생활 속에서 자연스럽게 이루어질 때 더 효과적입니다. 특히 그림책을 통한 접근은 확산적 사고를 유발하고 창의성 발달을 촉진합니다. 한글을 익히고 문해력을 함양할 수 있는 그림책을 소개합니다.

1.《한글이 그크끄1, 2, 3》(김현신 저, 책 짓는 달팽이)
직접 만지고 움직여보며 자음과 모음의 창제 원리와 낱글자가 모여 소리를 내는 원리를 탐구할 수 있는 그림책입니다.

2.《도시 가나다》(윤정미 저, 향)
아름다운 도시 풍경 속에 숨어 있는 가, 나, 다 글씨를 찾아보세요. 숨은 글씨 찾기, 빈 글자 채우기, 가나다로 시작하는 글자 이어 말하기 등 다양한 놀이 활동으로 확장하여 활용할 수 있습니다.

3.《내 마음 ㅅㅅㅎ》(김지영 저, 사계절)
ㅅ, ㅅ, ㅎ 자음으로 아이의 마음을 표현하는 아이디어가 독창적이고 재미있는 책입니다. 책을 읽으며 'ㅅㅅㅎ'으로 이어지는 마음의 단어를 살펴보고 내 마음 표현하기 활동, 초성 놀이 활동을 함께해 볼 수 있습니다.

월요일
•관계•

엄마아빠에게 가장 듣고 싶은 말은 뭐야?

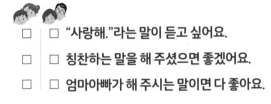

- ☐ ☐ "사랑해."라는 말이 듣고 싶어요.
- ☐ ☐ 칭찬하는 말을 해 주셨으면 좋겠어요.
- ☐ ☐ 엄마아빠가 해 주시는 말이면 다 좋아요.

선생님의 제안

자녀가 부모님과의 관계에서 느끼는 감정이나 바라는 점을 알 수 있는 질문입니다. 서로 원하는 말을 듣고, 또 하기 위해서는 우선 대화 자체가 원활해야 합니다. 이 때문에 평소 아이와의 자연스러운 대화가 중요합니다. 아이가 듣고 싶은 말을 이야기한 경우 2~3일 정도 꾸준히 말씀해 주시면 부모-자녀 간 공감 관계를 형성하는 데 도움이 됩니다.

이렇게 해 볼까?

엄마아빠가 앞으로 네가 듣고 싶어하는 말을 자주 해 줄게. 언제나 너를 사랑해. 듣고 싶은 말을 말하기 쑥스럽다면 귓속말로 이야기해 줘.

한 줄 반짝이는 생각

엄마아빠의

_____

(이)라는 말이 나를 기쁘게 해요.

오늘 하루를 다섯 글자로 표현한다면?

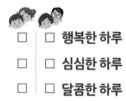

- □ | □ **행복한 하루**
- □ | □ **심심한 하루**
- □ | □ **달콤한 하루**

선생님의 제안

아이들이 학교와 학원 등 집 밖에서 지내는 시간이 많아지면서, 어떤 순간에는 행복을 느끼지만 많은 시간 지루함과 힘듦을 느낍니다. 우리 아이에게 하루가 어땠는지 물어봐 주세요. 건조하게 묻기보다는 "다섯 글자로 표현해 볼까?"라는 질문으로 아이와 즐거운 대화를 할 수 있습니다.

이렇게 해 볼까?

오늘 하루는 어땠어? 엄마아빠는 너의 하루가 어땠는지 궁금해. 다섯 글자로 하루를 표현해 볼까? 만약 다섯 글자로 표현하기 힘들면 더 많은 글자를 써서 표현해도 좋아.

한 줄 반짝이는 생각

오늘은

하루입니다.

만약 스마트폰이 없다면 뭘 할 때 재미있을까?

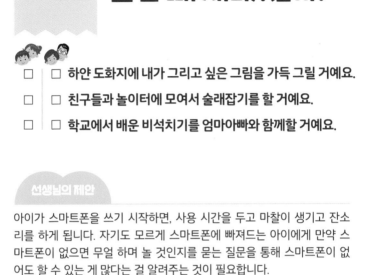

□ □ 하얀 도화지에 내가 그리고 싶은 그림을 가득 그릴 거예요.

□ □ 친구들과 놀이터에 모여서 술래잡기를 할 거예요.

□ □ 학교에서 배운 비석치기를 엄마아빠와 함께할 거예요.

선생님의 제안

아이가 스마트폰을 쓰기 시작하면, 사용 시간을 두고 마찰이 생기고 잔소리를 하게 됩니다. 자기도 모르게 스마트폰에 빠져드는 아이에게 만약 스마트폰이 없으면 무얼 하며 놀 것인지를 묻는 질문을 통해 스마트폰이 없어도 할 수 있는 게 많다는 걸 알려주는 것이 필요합니다.

이렇게 해 볼까?

스마트폰이 없어도 할 수 있는 게 정말 많지 않아? 내일은 스마트폰 없이 지내 보는 건 어떨까? 친구들이 있는 운동장이나 놀이터에 가서 신나게 놀자!

한 줄 반짝이는 생각

스마트폰이 없어도 저는

하면서 신나게 놀 수 있어요.

무엇이든 할 수 있게 된다면 어떤 경험을 해 보고 싶어?

☐ ☐ 높은 곳에서 뛰어내리는 번지점프를 해 보고 싶어요.

☐ ☐ 엄마가 자주 마시는 커피를 마셔 보고 싶어요.

☐ ☐ 혼자 마트에 가서 사고 싶은 물건을 가득 사고 싶어요.

선생님의 제안

평소에 아이가 어떤 활동에 욕구가 있는지, 무엇을 관찰하고 있는지 알아보는 질문입니다. 초등학교 저학년은 왕성한 호기심을 바탕으로 다양한 사물이나 경험에 대한 요구가 높아지는 시기입니다. 아이가 혼자 하거나 부모님과 함께 도전하고 싶은 일을 발견하고 다양한 경험을 해볼 수 있도록 환경을 조성해 주시는 노력이 필요합니다.

이렇게 해 볼까?

그동안 책에서 보며 해 보고 싶었던 것, 친구들은 했는데 나는 못했던 것, 엄마아빠가 해서 나도 따라하고 싶었던 것을 떠올려볼까?

한 줄 반짝이는 생각

용감하게

에 도전해 볼래요.

가장 의미 있었던 도전은 뭐였어?

□ □ **엄청 높아 보이는 미끄럼틀을 타고 내려왔던 거요.**

□ □ **열심히 준비해서 대회에 나간 거요.**

□ □ **처음으로 친구들 앞에서 발표한 거요.**

선생님의 제안

아이들에게 하루하루는 도전입니다. 아이들의 도전은 무엇을 크게 성취하거나 이루어야만 하는 것이 아닙니다. 일상에서 '노력'하는 모든 것이 도전임을 알려주세요. 매일 한 움큼씩 도전하고 노력할 때 성장할 수 있다는 점을 알려주는 일은 아이가 도전할 수 있는 응원과 지지가 됩니다.

이렇게 해 볼까?

처음에는 걱정됐지만 막상 해 보니까 즐거웠던 일이 있니? 예를 들어 처음으로 미끄럼틀을 탄 일, 혼자서 학교 끝나고 집에 온 일이 있을 거야. 처음이라 실패해도 괜찮아. 다시 해 보면 되지.

한 줄 반짝이는 생각

도전하는 것은

하는 것이에요.

결석인데 담임선생님께
연락을 깜빡했어요! 어떻게 하죠?

입학부터 졸업까지 학교와 관련된 우리 아이의 모든 정보는 '학생생활기록부'(이하 학생부)에 기록됩니다. '학생생활기록부 종합지원 포털'에 들어가면 매년 개정되는 학생부 기재요령을 확인할 수 있습니다. 학생부에는 크게 출결상황, 학교폭력 조치상황, 창의적 체험활동상황, 교과학습발달상황, 행동특성 및 종합의견을 기록합니다.

아이가 결석을 하게 되면 학생부 출결상황에 기록됩니다. 학년 진급이나 졸업이 불가할 만큼이 아니라면 결석을 한다고 불이익이 생기지는 않습니다. 미리 연락하지 않고 학교에 가지 않을 경우 정해진 요건에 따라 미인정 지각이나 결석 처리됩니다. 흔히 무단 지각, 무단 결석이라고 알고 계시는 것과 같습니다.

갑자기 아이가 아프거나 가정 일이 생겼다면 가급적 1교시 시작 전에 학교로 전화하시면 됩니다. 담임선생님께 직접 연락이 닿지 않았더라도 교무실에서 받은 연락은 담임선생님께 전달됩니다. 학교마다 세세한 교칙이 다르기는 하지만 학교에 오지 않은 아이의 위치 확인과 안전을 위해 부모님의 확인이 필요하므로 학교에서 부모님께 확인 연락을 드릴 수 있습니다.

결석계는 학교마다 양식이 다릅니다. 3월 초가 되면 학교 홈페이지에 그 해 양식이 업로드되기 때문에 학년초에 여러 장 뽑아두고 필요할 때 꺼내 쓰시기를 추천합니다. 결석계도 학교에서 보관하는 공문서입니다. 그렇기 때문에 양식에 맞추어 작성해야 하고 결석 연락과 함께 추후 꼭 제출해야 합니다.

불가피한 상황에서는 결석이 필요합니다. 하지만 결석을 하면 자연스럽게 학교에서의 수업 흐름이나 생활 적응이 끊기기 때문에 우리 아이가 학교생활에 성실하게 참여할 수 있도록 해 주세요.

엄마아빠한테 꼭 배우고 싶은 것이 있어?

□ □ **컴퓨터로 뚝딱뚝딱 검색하는 법이요.**

□ □ **맛있는 요리를 만드는 법이요.**

□ □ **글이 많은 책을 읽는 법이요.**

선생님의 제안

부모님의 모습은 자녀가 꿈꾸는 미래상이기도 합니다. 부모님의 모습을 보면서 닮고 싶은 점을 탐색하기도 하고, 엄마아빠처럼 자라기 위해 많은 노력을 기울이기도 합니다. 엄마아빠의 모습에서 어떤 긍정적인 부분을 발견하고 있는지, 자녀가 어떤 모습을 보고 배우고 있는지 확인해 보세요.

이렇게 해 볼까?

엄마아빠를 보면서 너도 해 내고 싶은 일이 있었는지 이야기해 볼까? 아직은 어렵지만, 언젠가는 엄마아빠보다 더 멋지게 해내는 날이 올 거야.

한 줄 반짝이는 생각

엄마아빠에게

을/를 배우고 싶어요.

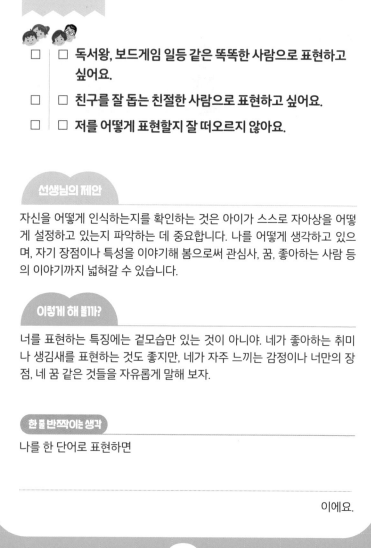

화요일
•자존감•

너를 잘 표현해 주는 단어 한 가지를 말해 볼까?

- ☐ ☐ 독서왕, 보드게임 일등 같은 똑똑한 사람으로 표현하고 싶어요.
- ☐ ☐ 친구를 잘 돕는 친절한 사람으로 표현하고 싶어요.
- ☐ ☐ 저를 어떻게 표현할지 잘 떠오르지 않아요.

선생님의 제안

자신을 어떻게 인식하는지를 확인하는 것은 아이가 스스로 자아상을 어떻게 설정하고 있는지 파악하는 데 중요합니다. 나를 어떻게 생각하고 있으며, 자기 장점이나 특성을 이야기해 봄으로써 관심사, 꿈, 좋아하는 사람 등의 이야기까지 넓혀갈 수 있습니다.

이렇게 해 볼까?

너를 표현하는 특징에는 겉모습만 있는 것이 아니야. 네가 좋아하는 취미나 생김새를 표현하는 것도 좋지만, 네가 자주 느끼는 감정이나 너만의 장점, 네 꿈 같은 것들을 자유롭게 말해 보자.

한 뼘 반짝이는 생각

나를 한 단어로 표현하면

이에요.

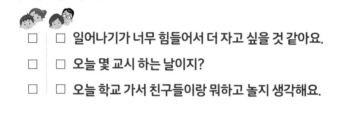

수요일
•습관•
아침에 눈 떴을 때 가장 먼저 드는 생각은 뭐야?

- ☐ ☐ 일어나기가 너무 힘들어서 더 자고 싶을 것 같아요.
- ☐ ☐ 오늘 몇 교시 하는 날이지?
- ☐ ☐ 오늘 학교 가서 친구들이랑 뭐하고 놀지 생각해요.

선생님의 제안

아침에 눈을 떴을 때 아이들은 많은 생각을 하지는 않습니다. 하지만 이 질문을 한 후, 다음 날 다시 한 번 물어보세요. 아마도 평소라면 하지 않을 재미있는 답변을 할 거예요.

이렇게 해 볼까?

아침에 눈을 떴을 때 어떤 기분이 드는지, 어떤 생각이 드는지 한 번 생각해 봐. 하루를 좋은 생각으로 시작하는 연습을 하면 하루가 행복해진단다.

한 줄 반짝이는 생각

아침에 눈을 뜨면 드는 생각은

입니다.

목요일
•생활•

학교에서 목이 마를 때 물통이나 컵이 없으면 어떻게 해?

- ☐ ☐ 급수대에서 입을 대고 물을 마시면서 컵을 챙겨야겠다고 생각했어요.
- ☐ ☐ 점심시간까지 기다렸다가 급식실에서 물을 마셔요.
- ☐ ☐ 선생님께 목이 마르다고 말씀드려요.

선생님의 제안

수업 중 목이 마를 때나 체력 소모가 많은 활동을 한 후에 물통이 없어 불편함을 호소하는 아이들이 많습니다. 학교에 따라 물통이 없으면 물을 마시기 어려운 곳도 있으므로 아이에게 물어본 후 꼭 물통을 챙겨주세요. 컵은 책상 위에 두면 넘어져 물건이 젖을 수도 있기 때문에, 보온 기능이 있고 저학년도 쉽게 열 수 있는 구조의 보온보냉병을 추천합니다.

이렇게 해 볼까?

목이 마른데 물을 마실 수가 없으면 많이 답답하겠지? 자기 물통은 스스로 챙겨 보자. 매일 잠들기 전 가방을 잘 챙겨야 해.

한 줄 반짝이는 생각

저는 학교에 가기 전에 꼭

을/를 챙길 거예요.

너는
어떤 친구가 되고 싶어?

- ☐ ☐ **도움이 필요한 친구를 잘 도와주는 친구가 되고 싶어요.**
- ☐ ☐ **우리 반 모두와 사이좋게 지내는 친구가 되고 싶어요.**
- ☐ ☐ **친한 친구가 많은 친구가 되고 싶어요.**

선생님의 제안

아이가 생각하는 좋은 친구의 모습을 구체적으로 묻는 질문을 해 보세요.
이 질문으로 교우관계를 형성할 때 아이가 무엇을 가장 중요하게 생각하는
지 엿볼 수 있습니다. 또한 아이가 스스로 말하는 좋은 친구의 모습이 되도
록 대화해 주세요.

이렇게 해 볼까?

친구들과 어울릴 때 어떤 모습의 친구가 되고 싶어? 그러기 위해서 어떤
노력을 해야 할까?

한 줄 반짝이는 생각

친구들을 위해

친구가 될래요.

아이가 학습만화만 읽으려고 해요. 어떻게 할까요?

교실에서도 각자 읽을 책을 찾아보라고 하면 학습만화를 선택하는 아이들이 많습니다. 이때 무조건 보지 못하게 하면 오히려 책 읽기를 어렵고 지루한 것으로 여겨 거리감이 생길 수 있습니다. 학습만화만 찾는 아이들을 도와줄 수 있는 방법은 아래와 같습니다.

먼저, '학습만화 이외의 책 읽는 즐거움을 느끼게 하는 것'입니다. 아이들이 학습만화를 즐겨 읽는 까닭은 재미있기 때문입니다. 필독도서를 읽으라고 손에 쥐어 주기만 해서는 아이 스스로 독서의 즐거움을 느끼기 어렵습니다. 평소 아이가 관심을 보이는 분야의 책을 추천하거나, 옆에 앉혀놓고 부모님께서 읽어 주시는 것도 좋은 방법입니다. 아이와 책에 대한 대화를 나누며 이야기 속에 흠뻑 빠져들 수 있도록 도와주세요.

"제목을 읽어보니 어떤 내용일 것 같아?"

"책을 펼쳐 보자. 여기 네가 좋아하는 놀이공원이 나와!"

두 번째로는 '책을 고르는 방법을 알려 주는 것'입니다. 스스로 책을 고르고 읽는 경험은 긍정적인 독서 습관 형성에 큰 도움이 됩니다. 아이가 어떤 책을 고를지 몰라 어려워한다면 아이의 경험과 관련 있는 키워드를 제시해 주세요. 예를 들어 얼마 전 공룡 박물관에 다녀왔다면,

"공룡이 제목에 들어가 있는 책을 찾아볼까?"

"누가 먼저 공룡책을 찾나 내기해 볼까? 찾아서 같이 읽어 보자."

등으로 놀이 요소를 추가해도 좋습니다.

세 번째는 '학습만화를 읽는 요일을 정하는 것'입니다. 또는 학습만화 한 권당 글밥이 있는 책 몇 권 등의 비율로 약속을 함께 정해 보는 것이 좋습니다. 무조건 학습만화를 금지하는 것보다는 학습만화를 읽되, 점차 글밥이 많은 책을 읽도록 유도하는 것이 좋습니다.

친구와 의견이 다를 때 어떻게 행동해?

- ☐ ☐ 제 생각을 얘기하려고 했는데 친구가 잘 들어주지 않아 속상했어요.
- ☐ ☐ 친구와 큰 소리로 이야기를 하다가 싸울 때가 많아요.
- ☐ ☐ 친구에게 서운해서 그냥 아무 말도 하지 않았어요.

선생님의 제안

초등학교 저학년 시기에는 친구와 다툼이 매우 빈번하게 발생합니다. 아이들은 다투며 점차 친구의 기분을 배려하고 나의 입장을 말하는 것이 중요하다는 것을 배우게 됩니다. 하지만 모든 사람의 생각이 다를 수 있으며, 그 차이를 인정해야 함을 알려주세요.

이렇게 해 볼까?

친구와 의견이 달라서 다투었구나. 그럴 때는 화를 내기보다 "나는 이렇게 생각해." 하고 이야기해 봐. 만약 친구가 이야기를 잘 들어주지 않거나 무시한다면, 선생님께 도움을 요청해 보자.

한 줄 반짝이는 생각

친구야, 나는

생각해.

특별히 친하게 지내는 친구가 있니?

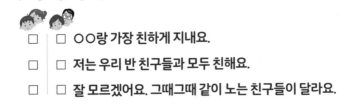

☐ ☐ ○○랑 가장 친하게 지내요.

☐ ☐ 저는 우리 반 친구들과 모두 친해요.

☐ ☐ 잘 모르겠어요. 그때그때 같이 노는 친구들이 달라요.

선생님의 제안

초등학교 저학년 시기의 아이들은 교우 관계의 기준이 계속 바뀌며, 성향에 따라 특별히 친하게 지내는 친구가 있을 수도 있고, 없을 수도 있습니다. 사회성 문제가 아닌 개인 성향의 차이이므로 크게 걱정하지 않으셔도 괜찮습니다. 아이가 소극적이라 걱정이 된다면 편하게 느끼는 친구의 유형과 놀이를 파악하고 친해지고 싶은 친구에게 인사하는 방법을 함께 연습해 보면 좋습니다.

이렇게 해 볼까?

오늘은 친구에게 먼저 다가가서 인사를 건네 볼까? 좋은 친구를 사귀고 싶다면 네가 좋은 친구가 되어 줘야 해.

한 줄 반짝이는 생각

친구야, 나랑

하지 않을래?

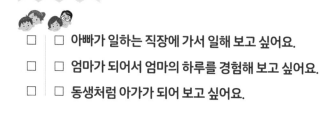

수요일 ·관계· 가족 중 한 명의 하루를 대신 살 수 있다면?

- ☐ ☐ **아빠가 일하는 직장에 가서 일해 보고 싶어요.**
- ☐ ☐ **엄마가 되어서 엄마의 하루를 경험해 보고 싶어요.**
- ☐ ☐ **동생처럼 아가가 되어 보고 싶어요.**

선생님의 제안

아이가 생각하는 가족의 모습을 인지할 수 있는 동시에 부모나 형제에 대하여 어떻게 인식하고 있는지 알 수 있는 질문입니다. 아이들은 어른들의 삶을 부러워합니다. 이 질문을 활용해 아이가 생각하는 어른들의 삶을 알수 있습니다.

이렇게 해 볼까?

우리 가족 중에서 가장 궁금한 사람은 누구야? 궁금한 사람의 어떤 점을 따라하고 싶어?

한 줄 반짝이는 생각

내가 되어 보고 싶은 가족은

입니다.

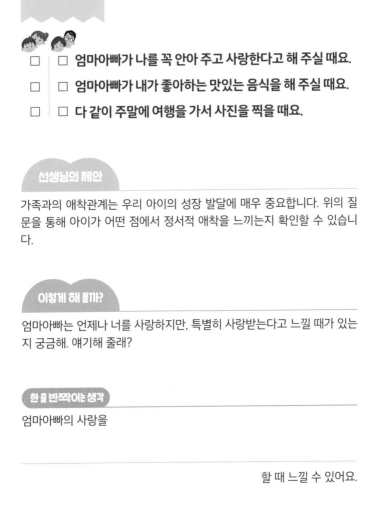

목요일
•관계•

너는 언제
사랑받는다고 느껴?

- ☐ ☐ **엄마아빠가 나를 꼭 안아 주고 사랑한다고 해 주실 때요.**
- ☐ ☐ **엄마아빠가 내가 좋아하는 맛있는 음식을 해 주실 때요.**
- ☐ ☐ **다 같이 주말에 여행을 가서 사진을 찍을 때요.**

선생님의 제안

가족과의 애착관계는 우리 아이의 성장 발달에 매우 중요합니다. 위의 질문을 통해 아이가 어떤 점에서 정서적 애착을 느끼는지 확인할 수 있습니다.

이렇게 해 볼까?

엄마아빠는 언제나 너를 사랑하지만, 특별히 사랑받는다고 느낄 때가 있는지 궁금해. 얘기해 줄래?

한 줄 반짝이는 생각

엄마아빠의 사랑을

할 때 느낄 수 있어요.

•자존감•

네가 닮고 싶은 친구는 어떤 친구야?

☐ ☐ **발표를 엄청 잘하고 언제나 씩씩한 친구요.**

☐ ☐ **어떤 운동이든 잘하는 친구요.**

☐ ☐ **그림을 잘 그리고 만들기를 잘해서 칭찬받는 친구요.**

선생님의 제안

아이들은 자라면서 질투, 동경, 부러움 등 다양한 감정을 느끼게 됩니다. 친구의 좋은 점을 긍정적으로 받아들이고, 갖지 못한 장점은 칭찬할 수 있는 마음을 가지면, 원만한 교우관계를 맺을 수 있습니다. 어떤 노력을 기울이며 성장하면 좋을지, 다양한 친구의 모습을 떠올리며 대화를 나눠 보세요.

이렇게 해 볼까?

네 주위에 어떤 친구들이 있니? 그 친구 중에 가장 관심이 가는 친구는 누구야? 그 친구의 장점은 무엇인지 설명해 줄래?

한 줄 반짝이는 생각

나는

한 친구가 좋아요.

알아두면 도움되는 대화법

초등학교 저학년 시기는 말이나 행동 때문에 친구 사이에 갈등이 잦은 시기입니다. 상대방의 입장을 미처 고려하지 않고 상처 주는 말을 하거나, 꼭 말을 하고 넘어가야 할 순간에 용기를 내지 못할 때도 있습니다.

씩씩하지만 장난스러운 우리 아이가 학교에서 다른 아이들에게 피해를 주지는 않을지 염려되거나, 자신의 기분을 잘 표현하지 못해 어려움을 겪지는 않는지 걱정된다면 아래의 두 가지 말을 꼭 함께 연습해 보세요.

1. "미안해." 하고 곧장 사과하는 것입니다.

나 때문에 친구가 다치거나 마음에 상처를 입었을 때 바로 사과하는 것은 큰 용기가 필요한 일입니다. 간혹 억울하거나 혼날 것 같은 마음에 사과하기 어려워하거나, 쑥스럽다는 생각에 장난스럽게 사과를 하는 아이도 있습니다. 나의 행동으로 친구가 속상해한다면 즉시 행동을 멈추고 진심을 담아 사과할 수 있도록 지도해 주세요.

2. "안 돼, 싫어."라고 단호하게 표현하는 것입니다.

친구가 어려운 부탁을 하거나 내가 싫어하는 장난을 칠 때 웃거나 우물쭈물하지 않고 단호하고 솔직하게 자신의 마음을 표현할 수 있어야 합니다.

아이가 실제로 겪은 구체적인 상황 예시를 통해 여러 번 반복해서 연습해 볼 수 있도록 도와주세요.

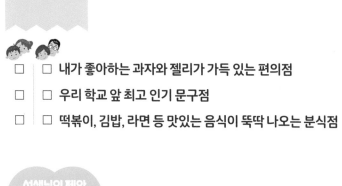

월요일 ·창의력·
가게를 열게 된다면 어떤 가게를 차리고 싶어?

- ☐ ☐ 내가 좋아하는 과자와 젤리가 가득 있는 편의점
- ☐ ☐ 우리 학교 앞 최고 인기 문구점
- ☐ ☐ 떡볶이, 김밥, 라면 등 맛있는 음식이 뚝딱 나오는 분식점

선생님의 제안

아이가 접하는 많은 가게 중 아이의 관심을 끄는 가게에 대해 이야기해 보는 시간은 다소 엉뚱해 보여도 매우 의미가 있습니다. 아이의 관심과 흥미를 알 수 있는 것은 물론, 아이의 재치 있는 답을 들을 수 있어요. 아이가 단답형으로만 이야기할 경우 "왜?"라는 질문을 통해 대화를 길게 이어가 주세요.

이렇게 해 볼까?

요즘 등하굣길에 자주 들르는 가게가 있어? 그 가게에서 무엇을 팔길래 좋아하는 거야? 엄마아빠에게 네가 좋아하는 가게를 그림으로 그려 설명해 볼래?

한 뼘 반짝이는 생각

내가 좋아하는 가게는

입니다.

하루 중에 가장 힘이 나는 시간은 언제야?

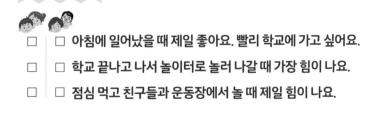

- ☐ ☐ 아침에 일어났을 때 제일 좋아요. 빨리 학교에 가고 싶어요.
- ☐ ☐ 학교 끝나고 나서 놀이터로 놀러 나갈 때 가장 힘이 나요.
- ☐ ☐ 점심 먹고 친구들과 운동장에서 놀 때 제일 힘이 나요.

선생님의 제안

아이의 생활 리듬과 습관을 이해하는 데 도움이 되는 질문입니다. 우리 아이의 활력이 가장 높은 시간대를 파악하고, 그에 맞는 활동을 고민해 볼 수 있어요. 반대로 아이의 에너지가 낮은 시간대에 대해서도 이야기를 나누면 활동성이 낮은 원인을 함께 파악하고 개선 방안을 모색해 볼 수 있습니다.

이렇게 해 볼까?

아침에 일어났을 때 어떻게 하면 기운이 날까? 일어나자마자 기지개를 크게 켜 보자.

한 줄 반짝이는 생각

나는 매일

시간에 가장 기운이 나요.

사진을 찍는다면 어떤 사진을 찍고 싶어?

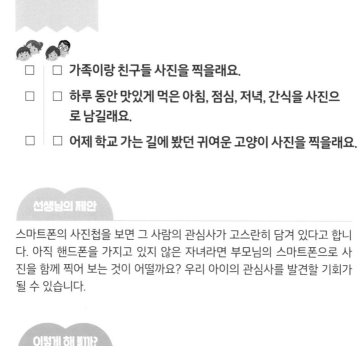

□ □ 가족이랑 친구들 사진을 찍을래요.

□ □ 하루 동안 맛있게 먹은 아침, 점심, 저녁, 간식을 사진으로 남길래요.

□ □ 어제 학교 가는 길에 봤던 귀여운 고양이 사진을 찍을래요.

선생님의 제안

스마트폰의 사진첩을 보면 그 사람의 관심사가 고스란히 담겨 있다고 합니다. 아직 핸드폰을 가지고 있지 않은 자녀라면 부모님의 스마트폰으로 사진을 함께 찍어 보는 것이 어떨까요? 우리 아이의 관심사를 발견할 기회가 될 수 있습니다.

이렇게 해 볼까?

어떤 사진을 찍고 싶은지 생각나는 대로 써 볼까? 그리고 이번 주말에 같이 멋진 사진을 찍으러 나가 보자.

한 줄 반짝이는 생각

내가 찍고 싶은 사진은

입니다.

스트레스를 받을 때 어떻게 풀 수 있을까?

- ☐ ☐ 엄마아빠가 나를 꼭 안아 줬으면 좋겠어요.
- ☐ ☐ 눈물이 날 때 달래 주셨으면 좋겠어요.
- ☐ ☐ 혼자서 마음을 진정할 수 있는 시간이 필요해요.

선생님의 제안

스트레스를 해소하는 활동은 건강한 정서 발달에 매우 중요합니다. 아이가 불안한 마음이나 부정적인 감정을 어떻게 해소하고 싶어 하는지 알면, 그 감정을 바르게 해소할 수 있게 도와줄 수 있습니다.

이렇게 해 볼까?

언제 가장 스트레스를 많이 받아? 마음이 힘들 때 엄마아빠가 어떻게 해 주면 좋을까?

한 줄 반짝이는 생각

마음이 힘들 때

주세요.

완벽한 하루라는 건 어떤 하루야?

- ☐ ☐ **맛있는 거 먹고 하루 종일 노는 하루요.**
- ☐ ☐ **공부를 안 하는 하루요.**
- ☐ ☐ **엄마아빠한테 안 혼나는 하루요.**

선생님의 제안

하루를 즐겁게 보내는 것은 몸과 마음이 바르게 성장하는 데 많은 영향을 줍니다. 아이가 생각하는 완벽한 하루는 어떤 하루인지 물어보고 완벽한 하루를 보내면 어떤 기분이 드는지 물어보세요. 아이가 행복해지는 질문을 하는 것이 중요합니다.

이렇게 해 볼까?

어떤 하루를 보낼 때 마음이 행복하니? 어떤 때 가장 마음이 편한지 알려 줄래?

한 줄 반짝이는 생각

나에게 완벽한 하루란

하루예요.

가정에서 미리 연습하는
화장실 사용 예절

화장실 사용은 당연한 것이기 때문에 "화장실 사용법까지 가르쳐야 한다고?" 의아하실 수 있습니다. 하지만 어른들에게 당연한 많은 것들이 아이에게는 처음 생기는 일이고, 학교 화장실 역시 마찬가지입니다. 그래서 화장실 사용방법을 알려줘야 합니다.

1. 예비소집일에 부모님과 함께 화장실에 들르기

학교 화장실이 너무 낯설기 때문에 화장실을 사용하지 않으려는 아이도 있습니다. 6년 동안 화장실을 한 번도 이용하지 않을 수는 없습니다. 게다가 여학생의 경우 빠르게는 3학년 때 초경을 시작하기 때문에 화장실은 무엇보다 익숙한 공간이 되어야 합니다. 예비소집일에 가장 익숙하고 신뢰하는 어른인 부모님이 화장실을 함께 사용해 주세요.

2. 어른용 변기 사용해 보기

학생 수가 많은 학교의 경우 층마다 사용하는 학년이 달라 화장실의 변기 크기가 각각 다릅니다. 하지만 소규모 학교의 경우 모두가 두어 개의 화장실을 함께 사용해야 해서 큰 변기가 설치된 경우가 많습니다.

3. 공중 화장실 칸에 혼자 들어가기

학생 안전을 위해 안이 보이도록 설계된 유치원이나 어린이집과는 달리, 초등학교 화장실은 문을 안에서 잠그면 밖에서 열 수 없습니다. 화장실은 혼자 사용해야 하는 공간이기 때문입니다. 또 소변기를 초등학교에 와서 처음 접하는 학생들도 있습니다. 미리 경험해 보는 것이 좋습니다.

4. 변기 물 내리기

아주 기본적이지만 잘 지켜지지 않는 예절입니다. 자동으로 변기 물이 내려가지 않기 때문에 변기물을 꼭 내리라고 말해주세요.

네가 가장 용감했던 순간은 언제야?

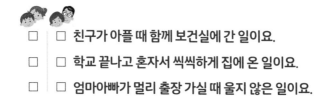

- ☐ ☐ **친구가 아플 때 함께 보건실에 간 일이요.**
- ☐ ☐ **학교 끝나고 혼자서 씩씩하게 집에 온 일이요.**
- ☐ ☐ **엄마아빠가 멀리 출장 가실 때 울지 않은 일이요.**

선생님의 제안

아직 어리기만 한 우리 아이도 용기를 낼 때가 있습니다. 눈물이 날 것만 같지만 참고 자신이 해야 할 일을 멋지게 해냅니다. 용감했던 순간을 물어보는 질문은 아이가 스스로 성장할 수 있다는 마음을 갖게 합니다. 또한 아이가 용감했던 기억을 떠올려 무엇이든 해 낼 수 있다는 생각을 심어 줄 수 있습니다.

이렇게 해 볼까?

용기가 없어 도전하지 못한 일이 있어? 누구나 처음 시도할 때, 겁이 나는 일을 극복해야 할 때 쉽게 도전하지 못하곤 해. 그럴 때는 예전에 용기를 내어 무언가를 해 낸 기억을 떠올려 봐. 그리고 할 수 있다고 외쳐 보는 거야. 마음속에서 용기 씨앗이 무럭무럭 자라날 거야!

한 줄 반짝이는 생각

다시 한 번 용기를 내서

도전해 볼래요!

네가 유튜버가 된다면 어떤 영상을 만들고 싶어?

- ☐ ☐ 먹방을 보여주고 싶어요.
- ☐ ☐ 게임하는 걸 보여 주고 싶어요.
- ☐ ☐ 내가 하루를 보내는 모습을 찍고 싶어요.

선생님의 제안

디지털 네이티브인 아이 세대에게는 영상을 무조건적으로 제한하기보다 똑똑하게 소비하고 즐길 수 있는 환경을 마련해 주어야 합니다. 대화 이후 직접 간단한 영상을 촬영하게 함으로써 아이의 관심사에 엄마아빠도 든든 하게 동참할 수 있음을 느끼게 해 주는 것도 좋습니다.

이렇게 해 볼까?

요즘 많이 보는 영상은 어떤 거야? 네가 영상을 직접 만든다면 어떤 영상 을 만들고 싶니? 엄마아빠랑 주말에 같이 촬영해 볼까?

한 줄 반짝이는 생각

내가 찍고 싶은 영상은

입니다.

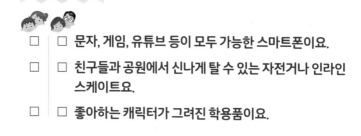

수요일 ·생활· 꼭 갖고 싶은 물건이 있어?

- ☐ ☐ 문자, 게임, 유튜브 등이 모두 가능한 스마트폰이요.
- ☐ ☐ 친구들과 공원에서 신나게 탈 수 있는 자전거나 인라인 스케이트요.
- ☐ ☐ 좋아하는 캐릭터가 그려진 학용품이요.

선생님의 제안

경제교육을 시작하기 전 아이의 욕구를 진단하고 아이의 소비 가치관을 엿볼 수 있는 질문입니다. 초등 저학년 시기에는 적은 용돈을 직접 사용하게 함으로써 소비 경험을 할 수 있습니다. 갖고 싶은 것을 다 가질 수는 없지만, 갖고 싶은 물건을 이야기함으로써 올바른 소비 계획을 세울 수 있습니다.

이렇게 해 볼까?

갖고 싶은 것을 다 갖지 못하는 이유는 무엇일까? 어떻게 하면 원하는 것을 가질 수 있을지 생각해 볼까?

한 줄 반짝이는 생각

가장 받고 싶은 선물은

입니다.

미래에 어른이 된 너를 뭐라고 소개하고 싶어?

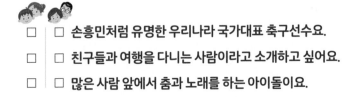

☐ ☐ **손흥민처럼 유명한 우리나라 국가대표 축구선수요.**

☐ ☐ **친구들과 여행을 다니는 사람이라고 소개하고 싶어요.**

☐ ☐ **많은 사람 앞에서 춤과 노래를 하는 아이돌이요.**

선생님의 제안

이 질문을 할 때에는 특정 직업을 이야기하게 하는 것도 좋지만 미래에 어떤 모습으로 살아갈지를 구체적으로 이야기하게 하는 것이 좋습니다. 예를 들어 좋아하는 취미생활을 하면서 행복하게 산다거나 해외에서 다양한 경험을 하며 살고 있는 모습 등 그림이 그려지듯 구체적으로 이야기할 수 있도록 도와주세요.

이렇게 해 볼까?

미래에 너는 어떤 하루를 살고 있을 것 같아? 어디에서 누구와 무엇을 하면서 살고 있을지 상상해 볼까?

한 줄 반짝이는 생각

어른이 되면

하는 사람이 될 것 같아요.

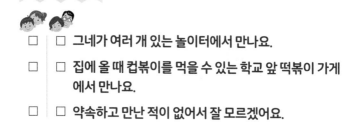

금요일 •태도•

친구와 주로 만나는 장소는 어디야?

□ □ 그네가 여러 개 있는 놀이터에서 만나요.

□ □ 집에 올 때 컵볶이를 먹을 수 있는 학교 앞 떡볶이 가게에서 만나요.

□ □ 약속하고 만난 적이 없어서 잘 모르겠어요.

선생님의 제안

저학년은 아직 행동 반경이 크지 않은 시기입니다. 혹시 부모님이 처음 듣는 장소나 너무 먼 장소를 이야기한다면 우리 아이가 친구와 안전하게 만날 수 있는 장소를 이야기해 주세요.

이렇게 해 볼까?

갑자기 친구와 놀고 싶다면 엄마아빠에게 전화해서 뭐라고 이야기해야 할까?

한 줄 반짝이는 생각

지금 친구를 만난다면

에서 만나고 싶어요.

NEIS 학부모 서비스 이용법

아이의 학교생활과 관련된 정보를 얻기 위한 간편한 방법을 소개합니다. NEIS(교육행정정보시스템) 학부모 서비스는 교육부에서 제공하는 온라인 서비스로, 학교에 방문하지 않아도 아이와 관련된 다양한 정보를 실시간으로 확인할 수 있습니다. NEIS(교육행정정보시스템) 학부모 서비스에서는 아이의 학교생활기록부, 시간표, 출결 상황과 같은 학교생활 전반을 온라인으로 확인할 수 있으며 급식 메뉴, 평가 계획과 같은 다양한 계획도 확인할 수 있습니다. 건강기록부 항목에서는 감염병 예방 접종 리스트를 확인하거나 아이의 키와 몸무게 측정 결과도 제공합니다.

검색포털에서 '나이스 학부모서비스'를 검색해서 접속할 수 있으며 회원가입과 인증이 필요합니다. 이때 아이의 학적정보와 학부모의 신상 정보가 필요합니다. 학부모 서비스에 등록된 자녀의 기록은 유치원 때부터 고등학교 때까지 열람할 수 있습니다. 학교에 따라 돌봄교실이나 방과후학교 등의 신청과 현황을 확인할 수 있으니 학교에 문의해 보는 것도 좋습니다.

월요일
•관계•

우리 가족을 한 단어로 표현한다면 뭐라고 하고 싶어?

- ☐ ☐ 우리 가족은 엄청 소중한 보석 같아요.
- ☐ ☐ 우리 가족은 슈퍼맨 가족이에요.
- ☐ ☐ 우리 가족을 떠올리면 자주 먹는 김치찌개가 생각나요.

선생님의 제안

가족을 한 단어로 표현하는 과정에서 아이들은 가족과 정서적 유대감을 느끼며, 아이의 마음을 깊이 이해할 수 있습니다. 아직 비유적인 표현을 잘 이해하지 못해서 한 단어로 표현하기 어려워한다면 가족과 닮은 동물이나 가족 그림 그리기 등을 하면 좋습니다.

이렇게 해 볼까?

가족을 떠올리면 어떤 마음이 들어? 우리 가족은 어떤 가족이라고 생각해?

한 줄 반짝이는 생각

우리 가족은

입니다.

도전한 일에 실패할 때 어떤 마음이 들어?

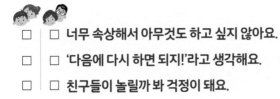

☐ ☐ 너무 속상해서 아무것도 하고 싶지 않아요.

☐ ☐ '다음에 다시 하면 되지!'라고 생각해요.

☐ ☐ 친구들이 놀릴까 봐 걱정이 돼요.

선생님의 제안

아이가 회복탄력성을 갖고 있는지 알아보고, 실패를 자연스러운 학습의 과정이자 성장하는 도구로 설명하기에 좋은 질문입니다. 특히 실패를 극복하고 다시 도전할 수 있음을 부모님과 함께 이야기하면서 자존감 및 회복탄력성을 향상할 수 있습니다.

이렇게 해 볼까?

무엇인가를 할 때 꼭 잘되는 일만 있을까? 실패했을 때 어떤 마음이 드니? 속상한 마음을 어떻게 풀면 좋을까?

한 줄 반짝이는 생각

실패하면

하는 마음이 들어요.

친구가 잘못하거나 싸움을 걸면 어떻게 반응하니?

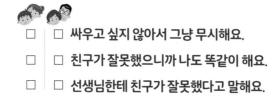

- ☐ ☐ 싸우고 싶지 않아서 그냥 무시해요.
- ☐ ☐ 친구가 잘못했으니까 나도 똑같이 해요.
- ☐ ☐ 선생님한테 친구가 잘못했다고 말해요.

선생님의 제안

부정적인 감정을 바르게 해소하는 것은 중요합니다. 학교생활의 갈등을 해결하는 것 또한 마찬가지이죠. 아이가 어떤 상황에서 불편한 감정을 느끼는지, 불편한 감정을 느낄 때 어떻게 행동하는지 확인하는 것이 중요합니다. 만약 아이가 불편한 상황이 지속되고 있는데도 말하지 못하는 성격이라면 담임 선생님과의 상담을 통해 학교생활 또는 교우관계를 점검해 봐야합니다.

이렇게 해 볼까?

최근에 친구가 너에게 잘못한 적이 있어? 친구가 잘못하면 너는 뭐라고 이야기하니? 스스로 해결하지 못할 때 어떻게 하는 게 바람직할까?

한 줄 반짝이는 생각

친구가 잘못하면

(이)라고 말해요.

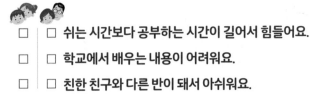

목요일
•태도•

학교가 마음에 들지 않는다면 이유가 무엇이니?

- ☐ | ☐ 쉬는 시간보다 공부하는 시간이 길어서 힘들어요.
- ☐ | ☐ 학교에서 배우는 내용이 어려워요.
- ☐ | ☐ 친한 친구와 다른 반이 돼서 아쉬워요.

선생님의 제안

유치원에서는 잘 지냈는데 학교에서는 적응하지 못해 힘들어하는 아이들이 있습니다. 무조건 학교에 적응하라거나 학교는 좋은 곳이라고 강요하기보다는 아이가 품은 솔직한 이유를 들어 보세요. 바로 해결할 수는 없더라도, 아이가 겪는 문제를 엄마아빠가 알고 있고 도와주겠다는 메시지를 전달하는 것이 무엇보다 중요합니다.

이렇게 해 볼까?

학교가 힘든 이유를 새롭게 생각해 보면 어떨까? 공부하는 시간이 많으면 그만큼 친구들과 함께 배우는 시간이 많아져. 지켜야 하는 규칙이 많으면 친구들과 더 안전하게 생활할 수 있게 되지.

한 줄 반짝이는 생각

학교에 가면

이/가 있어서 좋아요.

좋은 친구란
어떤 친구일까?

☐ | ☐ **내가 심심할 때 먼저 다가와 놀자고 해주는 친구요.**

☐ | ☐ **내가 하는 이야기를 잘 들어주는 친구요.**

☐ | ☐ **맛있는 간식을 함께 나누어 먹는 친구요.**

선생님의 제안

내 아이가 좋은 친구를 사귀었으면 하는 마음이 있으실 겁니다. 하지만 우리 아이들 특히 저학년 아이들이 생각하는 좋은 친구는 어른들이 생각하는 좋은 친구의 의미와 조금 다른 경우가 많은데요. 우리 아이는 과연 좋은 친구를 어떻게 생각하는지 함께 이야기 나누어 보세요.

이렇게 해 볼까?

좋은 친구를 사귀고 싶어? 좋은 친구를 사귀는 것만큼 중요한 게 하나 더 있어. 바로 내가 좋은 친구가 되는 거야. 만약 잘 놀아주는 친구가 좋다면 나도 다른 친구와 잘 놀 수 있어야 해.

한 줄 반짝이는 생각

내가 좋아하는 친구는

입니다.

저학년 때 배워두면
두고 두고 도움되는 예체능

초등학교 저학년 때 이미 진로를 정한 경우가 아니라면, 초등학교 고학년이 되었을 때 예체능은 자연스럽게 우선 순위에서 밀리게 됩니다. 따라서 상대적으로 시간적 여유가 많은 저학년 시기에 예체능을 한 가지라도 익히는 걸 추천드립니다.

예체능의 범위가 넓기 때문에 그 중에서도 무엇을 배워야 할까 고민이 되기도 합니다. 예체능은 아주 넓은 개념이지만 쉽게 생각해서 음악, 미술, 체육의 범위에서 다뤄지는 무엇이든 좋습니다. 기타, 우쿨렐레, 피아노와 같은 악기를 배울 수도 있고, 그림의 형태감을 위해 데생이나 크로키를 배울 수도 있고, 또 농구나 축구를 배울 수도 있습니다.

초등학교 저학년 때 예체능을 익혀두면 좋은 이유는 첫째, 배우는 것에 두려움이 없는 시기이기 때문입니다. 예체능에서 중요한 것은 표현력입니다. 하지만 초등학교 고학년이 되면 사춘기가 시작되며 자연스럽게 자신감이 하락하고 남들 앞에서 하는 표현 활동 자체를 부끄러워하게 됩니다.

둘째, 아이의 평생 취미 활동이 됩니다. 어릴 때부터 시작한 예체능 활동은 아이의 삶을 더욱 풍요롭게 만들며, 성인이 되어서도 즐길 수 있는 평생 취미가 될 수 있습니다.

셋째, 내가 이 활동을 할 줄 안다는 자신감은 친구 관계에까지 영향을 끼칩니다. 고학년이 될수록 상대적으로 예체능 활동을 하는 학생이 적어지다 보니 그 활동을 할 줄 아는 아이의 주변에 친구들이 모이게 됩니다.

무엇을 배울지에 대한 선택지는 아이에게 주세요. 부모님은 한 가지를 정해 꾸준히 배우길 바라지만 아이에게는 그 한 가지를 정하는 것이 제일 어려운 일입니다. 충분히 탐색할 기회를 주세요.

부모님이 말을 걸어 주기를 바라는 때가 있니?

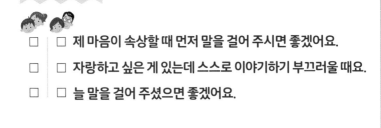

☐ ☐ **제 마음이 속상할 때 먼저 말을 걸어 주시면 좋겠어요.**

☐ ☐ **자랑하고 싶은 게 있는데 스스로 이야기하기 부끄러울 때요.**

☐ ☐ **늘 말을 걸어 주셨으면 좋겠어요.**

선생님의 제안

아이와 평소에 대화를 많이 하는 경우, 감정적으로 더 많은 대화와 공감이 필요한 시기를 파악할 수 있습니다. 반면, 아이와 대화를 많이 하지 않는 경우에는 이 질문을 통해 꼭 필요한 대화 시기를 파악하는 데 도움이 됩니다.

이렇게 해 볼까?

엄마아빠에게 말을 걸기 어려울 때가 있니? 칭찬받고 싶을 때나 위로가 필요할 때 등 엄마아빠가 먼저 알아차려 주었으면 하는 순간들이 있으면 이야기해 줘.

한 줄 반짝이는 생각

내가

_____

할 때 먼저 말 걸어 주면 좋겠어요.

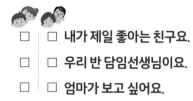

화요일 •관계•

지금 보고 싶은 사람이 있니?

☐ ☐ 내가 제일 좋아하는 친구요.

☐ ☐ 우리 반 담임선생님이요.

☐ ☐ 엄마가 보고 싶어요.

선생님의 제안

아이가 친밀하게 느끼는 주위 어른이나 친구에 대해 이야기 나눌 수 있는 질문입니다. 혹시나 엄마가 보고 싶다고 대답한다면 학교에 가서도 엄마가 보고 싶은지 물어봐 주세요. 아직 학교생활에 적응하지 못하고 불안한 마음을 느끼고 있을 수 있습니다. 아이의 말에 공감하며 다독여 주시고, 학교는 생각보다 즐거운 곳이고, 즐겁게 생활하다 보면 금세 엄마를 만날 수 있을 거라고 이야기해 주세요.

이렇게 해 볼까?

지금 바로 원하는 사람을 볼 수 있다면 누가 떠오르니? 아마 네가 보고 싶어 하는 사람도 너를 많이 보고 싶어 할 거야. 지금 당장 보지는 못하더라도, 보고 싶은 마음을 담아 편지를 한 번 써 보는 게 어때?

한 줄 반짝이는 생각

지금 가장 보고 싶은 사람은

입니다.

158

요즘 너를 긴장하게 하는 일이 있니?

- ☐ ☐ **국어 시간에 하는 받아쓰기요.**
- ☐ ☐ **수업 시간에 친구들 앞에서 발표하는 일이요.**
- ☐ ☐ **엄마와 헤어지는 시간이요.**

선생님의 제안

아이들이 표현은 안 하지만 받아쓰기, 발표, 엄마와 헤어지는 시간 등 아이들을 긴장하게 만드는 많은 요소가 있습니다. 어떤 상황에서 아이가 긴장하는지 알아 두는 것이 필요합니다. 그 긴장감을 충분히 이겨낼 수 있다는 것을 알려주세요.

이렇게 해 볼까?

긴장은 잘못된 감정이 아니야. 어른들도 모두 긴장해. 긴장이 될 때마다 '난 할 수 있어'라는 주문을 외워 보는 건 어떨까? 긴장될 때마다 항상 널 응원하는 엄마아빠를 떠올리며 주문을 외워 보자.

한 줄 반짝이는 생각

긴장이 될 때 나는

_____

을/를 하면서 이겨내고 있어요.

왜 자꾸만 숙제를 미루고 싶은 걸까?

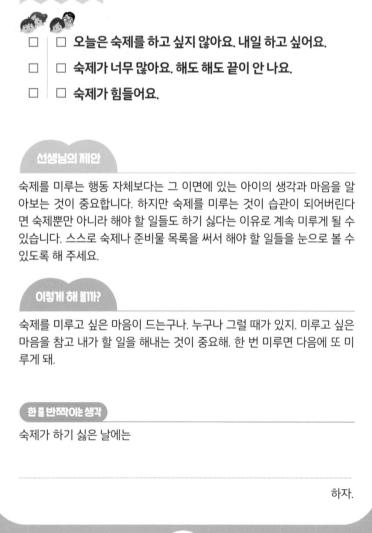

- ☐ ☐ **오늘은 숙제를 하고 싶지 않아요. 내일 하고 싶어요.**
- ☐ ☐ **숙제가 너무 많아요. 해도 해도 끝이 안 나요.**
- ☐ ☐ **숙제가 힘들어요.**

선생님의 제안

숙제를 미루는 행동 자체보다는 그 이면에 있는 아이의 생각과 마음을 알아보는 것이 중요합니다. 하지만 숙제를 미루는 것이 습관이 되어버린다면 숙제뿐만 아니라 해야 할 일들도 하기 싫다는 이유로 계속 미루게 될 수 있습니다. 스스로 숙제나 준비물 목록을 써서 해야 할 일들을 눈으로 볼 수 있도록 해 주세요.

이렇게 해 볼까?

숙제를 미루고 싶은 마음이 드는구나. 누구나 그럴 때가 있지. 미루고 싶은 마음을 참고 내가 할 일을 해내는 것이 중요해. 한 번 미루면 다음에 또 미루게 돼.

한 줄 반짝이는 생각

숙제가 하기 싫은 날에는

_____

하자.

거짓말을
해 본 적이 있니?

- □ □ 친구 물건을 망가뜨렸는데 친구가 너무 속상해해서 말하지 못했어요.
- □ □ 선생님께 잘 보이고 싶어서 안 해 본 일을 해 봤다고 했어요.
- □ □ 숙제를 안 했는데 혼날까 봐 했다고 거짓말했어요.

선생님의 제안

아이들이 거짓말을 하는 대표적인 이유는 상황을 회피하거나 잘 보이기 위해서입니다. 그러나 거짓말로 상황을 모면하더라도 거짓말이 들통나면 더 큰 창피함이 부메랑이 되어 돌아옵니다. 왜 거짓말을 했는지 들어보고 공감하되, 거짓말의 부정적인 영향을 알려주며 단호하게 지도해야 합니다.

이렇게 해 볼까?

거짓말을 계속 하게 되면 사람들이 너의 말을 믿지 않게 될 수 있어. 솔직하게 말하는 것은 많은 용기가 필요하지만 아주 중요한 일이란다. 네가 솔직하게 말할 수 있도록 함께 도와줄게.

한 줄 반짝이는 생각

저는

(이)라는 거짓말을 해본 적이 있어요. 앞으로는 솔직하게 말할 거예요.

초등학교 저학년을 위한
보드게임 고르기

보드게임은 여러 학생들이 쉽게 참여할 수 있고, 날씨의 영향을 적게 받는 동시에, 비교적 안전한 실내 놀이이기 때문에 학교에서도 자주 접하게 됩니다. 가정에서도 주말이나 야외에 나가기 어려운 날, 보드게임을 추천합니다.

가정에서 보드게임을 부모님과 함께 접해 보면 어떤 보드게임을 만나더라도 의욕적으로 게임 방법을 배우려 합니다. 또 가정에서 해 본 보드게임이라면 학교에서 친구들과 게임을 할 때 적극적으로 참여할 수 있고 게임 방법을 알려주는 역할을 합니다. 이 때문에 자연스럽게 친구들과 대화할 수 있습니다. 또한 말판이나 카드를 가지고 하는 보드게임은 대부분 설명서가 동봉되어 있고, 줄글뿐 아니라 그림도 함께 곁들여 있기 때문에 설명서를 읽으며 문해력을 기를 수도 있어요.

가정에서 처음 보드게임을 구입한다면 먼저 적정 연령을 확인해 주세요. 너무 어려운 보드게임은 방법을 익히기도 전에 좌절감을 줍니다.

보드게임을 많이 접해 보지 않았거나 아직 정리정돈 습관이 형성되지 않았다면 부속품이 많지 않은 보드게임으로 골라주세요. 카드형 보드게임의 경우 대부분 카드를 한두 장 잃어버리더라도 보드게임을 하는 데 큰 영향이 없는 경우가 많습니다. 몇몇 게임은 말이나 조각 등을 하나만 잃어버려도 전체 보드게임을 진행하기 어려워 일회용 게임이 되어 버려요.

보드게임 플레이 시간 역시 확인해 주세요. 집중력이 짧은 아이의 경우 플레이 시간이 길면 지루해하거나 게임을 끝맺지 못합니다. 학교에서는 보드게임을 쉬는 시간이나 중간 놀이 시간에 하기 때문에 주로 10분 내외의 짧은 게임들로 준비합니다.

엄마아빠가 네 부모님이어서 좋다고 느낀 순간이 있어?

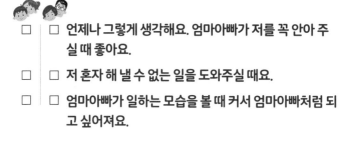

- ☐ ☐ 언제나 그렇게 생각해요. 엄마아빠가 저를 꼭 안아 주실 때 좋아요.
- ☐ ☐ 저 혼자 해 낼 수 없는 일을 도와주실 때요.
- ☐ ☐ 엄마아빠가 일하는 모습을 볼 때 커서 엄마아빠처럼 되고 싶어져요.

선생님의 제안

이 질문은 부모님을 어떻게 생각하고 있는지 알아보는 질문입니다. 부모로부터 얻은 긍정 경험을 통해 애착관계를 형성하는 것은 물론, 언제 부모님에 대한 사랑을 느끼는지 확인할 수 있습니다.

이렇게 해 볼까?

엄마아빠를 자랑하고 싶었던 순간이 있니? 언제 엄마아빠에게 사랑의 마음이 드는지 이야기해 볼까?

한 줄 반짝이는 생각

저는

할 때 엄마아빠를 사랑하는 마음이 들어요.

교실에서 앉아 보고 싶은 자리가 있어?

☐ ☐ 수업에 집중하기 좋은 선생님 바로 앞자리요.

☐ ☐ 좋아하는 친구 옆자리에 앉고 싶어요.

☐ ☐ 에어컨 바람이 솔솔 나오는 교실 중간 자리에 앉고 싶어요.

선생님의 제안

앉고 싶은 자리를 질문함으로써 아이의 성향이나 교우관계를 파악할 수 있습니다. 예를 들어 맨 앞자리를 선호하는 아이는 수업 중 방해받기 싫어하거나, 교사와의 정서적 유대감이 깊은 성향일 수 있습니다. 혹 아이가 원치않는 자리에 앉더라도 정기적으로 자리 배치가 달라진다는 것을 말해 주세요.

이렇게 해 볼까?

이번에 교실에서 자리를 바꿨어? 어떤 자리에 앉았어? 원하던 자리가 아니라서 속상하구나. 내가 좋아하는 자리, 덜 좋아하는 자리는 있을 수 있어. 하지만 교실에 나쁜 자리는 없단다. 다음 자리 바꾸는 날을 기대하며 즐겁게 학교생활을 해 보자.

한 줄 반짝이는 생각

제가 앉아보고 싶은 자리는

입니다.

어른이 되어 상을 받는다면 무슨 상을 받고 싶어?

- ☐ ☐ 유명하고 인기가 많은 사람에게 주는 인기상이요.
- ☐ ☐ 위대한 과학자가 받는 노벨상이요.
- ☐ ☐ 운동 잘하는 사람에게 주는 금메달이요.

선생님의 제안

진로직업에 대한 아이의 가치관을 엿볼 수 있는 질문입니다. 아이가 구체적인 성취에 대한 상을 말하는지, 가치나 태도에 대한 상을 말하는지 등으로 아이가 중요하게 생각하는 가치관을 엿볼 수 있으며, 어떤 것을 잘하고 싶은지 속마음을 알아볼 수 있습니다.

이렇게 해 볼까?

어른이 되면 어떤 일을 하고 싶어? 그 분야에서 일을 열심히 해서 상을 받는다면, 어떤 상을 받아야 행복할까?

한 줄 반짝이는 생각

제가 받고 싶은 상은

이에요.

엄마아빠는 네가 어떤 사람으로 자라길 바라는 것 같아?

- ☐ ☐ 다른 사람을 돕는 훌륭한 사람이요.
- ☐ ☐ 공부를 잘하는 똑똑한 사람이 되길 바라실 것 같아요.
- ☐ ☐ 밥 잘 먹고 튼튼하게 자라라고 자주 말씀하세요.

선생님의 제안

부모님의 기대에 대해 어떻게 생각하는지 알아볼 수 있는 대화 질문입니다. 대화를 통해 부모님의 가치관을 공유할 수 있어요. 부모님의 기대가 우리 아이에게 동기부여를 준다면 바람직하지만, 아이가 부담을 느끼고 있다면 아이의 모습과 성장과정을 응원하고 있음을 알려 주세요.

이렇게 해 볼까?

엄마아빠는 네가 자라는 모든 순간을 응원하고 있단다. 앞으로 어떤 모습으로 자랄지 너무 기대돼.

한 줄 반짝이는 생각

엄마아빠는 내가

사람으로 자라길 바라요.

오늘 수업을 들으며 생겼던 질문은 뭐야?

- ☐ ☐ 꼭 그렇게 해야 해요? 다르게 하면 안 되나요?
- ☐ ☐ 선생님은 이걸 어떻게 만드셨을까?
- ☐ ☐ '왜 나뭇잎은 초록색일까?'와 같은 질문이 생겼어요.

선생님의 제안

아이가 수업 시간에 어떤 활동을 좋아하고 몰입하는지를 엿볼 수 있습니다. 떠올랐던 질문에 대해 대화를 나누면서 왜 그런 질문이 떠올랐는지, 그 질문이 해결되었는지, 스스로 그 질문에 대해서는 어떤 답을 내릴 수 있는지 등 대화를 이어 나가는 것도 좋습니다.

이렇게 해 볼까?

수업 시간에 무슨 생각을 해? 수업 중에 혹시 궁금한 점이 있었니? 질문에 대한 답을 몰라도 괜찮아. 네가 선생님이라면 어떻게 말했을 것 같아?

한 줄 반짝이는 생각

수업 시간에

이/가 궁금했어요.

친구 사귀는 걸 어려워해요

학교 상담 기간에 가장 많이 받는 질문이 교우 관계에 관한 내용입니다. 학부모님도 교우 관계가 우리 아이의 학교생활에 아주 중요하다는 걸 알고 계십니다.

적극적인 아이들은 먼저 친구들에게 다가가 "같이 놀래?"와 같은 말을 자신 있게 합니다. 하지만 아직 교실이 낯설고 또래 관계에 자신이 없는 친구들은 쉽게 친구들과 가까워지지 못합니다.

"안녕?"이란 말은 다른 말보다 엄청난 힘을 갖고 있습니다. 친구들을 만날 때마다 "안녕?"이라고 먼저 인사해 보라고 조언해 주세요. 친구가 인사를 잘 안 받아 줘도 "안녕"이란 말을 매일매일 친구들에게 한 번씩 하라고 격려해 주세요. 먼저 인사를 받은 아이는 우리 아이를 기억하게 되는 것은 물론, 좋은 친구라고 기억할 확률이 높습니다. 바로 친하게 지내지는 못하더라도, 언젠가 먼저 다가와 "나랑 같이 놀래?"라고 말을 먼저 건넬지 모릅니다. 아주 간단한 것 같지만 저학년에게 "안녕" 만큼 좋은 친교의 말은 없는 것 같습니다.

친구를 사귀는 데 도움이 되는 또 다른 방법 중 하나는 도움이 필요한 친구를 도와주는 것입니다. 저학년 친구는 친구의 도움을 기억합니다. 친구가 도와준 내용을 집에 가서 이야기하고 나중에 나도 친구가 힘들 때 또는 어려운 일이 있을 때 도와줘야지 생각합니다. 예를 들어 지우개가 없는 친구에게 지우개를 빌려줄 수 있습니다. 미술 시간에 색칠을 다 못한 친구가 있을 때 색칠을 도와줄 수 있습니다. 이렇게 작은 도움 하나가 모여 교우 관계를 긍정적으로 형성하는 데 큰 도움을 줍니다.

오늘 아이와 함께 "안녕?", "내가 도와줄까?" 이 두 표현을 연습해 보면 어떨까요?

월요일
•생활•

이번 여름 방학에 무엇을 하고 싶어?

- ☐ ☐ 해수욕장에 가서 신나게 물놀이하고 싶어요.
- ☐ ☐ 스마트폰 게임을 마음껏 하고 싶어요.
- ☐ ☐ 매일 친구와 놀이터에서 신나게 뛰놀고 싶어요.

선생님의 제안

방학은 모든 학생들이 기다리는 시간입니다. 방학 기간 동안 아이가 무엇을 하고 싶은지 물어봐 주세요. 아이가 하고 싶은 일들 중 실행 가능한 것들을 가족과 함께 도전할 수 있게 도와주세요. 개학 후 방학 때 있었던 일을 자신감 있게 발표할 내 아이의 모습을 떠올리면서요.

이렇게 해 볼까?

학기 중에 하고 싶었는데 못한 일이 있니? 이번 방학 때 가족과 함께해 보는 건 어떨까? 방학 때 하고 싶은 일이 무엇인지 이야기해 봐.

한 줄 반짝이는 생각

이번 여름방학은 우리 가족 모두

하면서 놀아요.

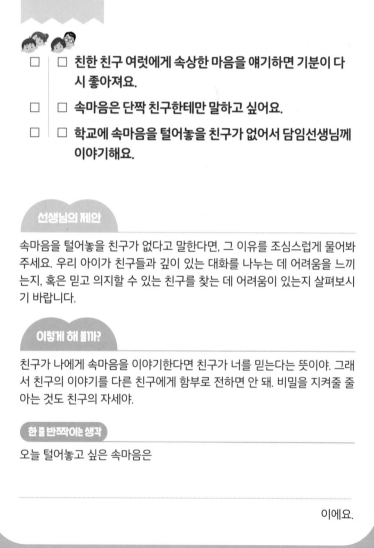

화요일
•관계•

속마음을 털어놓고 싶은 친구가 있니?

- ☐ ☐ 친한 친구 여럿에게 속상한 마음을 얘기하면 기분이 다시 좋아져요.
- ☐ ☐ 속마음은 단짝 친구한테만 말하고 싶어요.
- ☐ ☐ 학교에 속마음을 털어놓을 친구가 없어서 담임선생님께 이야기해요.

선생님의 제안

속마음을 털어놓을 친구가 없다고 말한다면, 그 이유를 조심스럽게 물어봐 주세요. 우리 아이가 친구들과 깊이 있는 대화를 나누는 데 어려움을 느끼는지, 혹은 믿고 의지할 수 있는 친구를 찾는 데 어려움이 있는지 살펴보시기 바랍니다.

이렇게 해 볼까?

친구가 나에게 속마음을 이야기한다면 친구가 너를 믿는다는 뜻이야. 그래서 친구의 이야기를 다른 친구에게 함부로 전하면 안 돼. 비밀을 지켜줄 줄 아는 것도 친구의 자세야.

한 뼘 반짝이는 생각

오늘 털어놓고 싶은 속마음은

이에요.

수요일
•태도•

최근에 가장 속상했던 일은 무엇이었어?

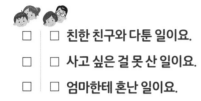

- ☐ ☐ **친한 친구와 다툰 일이요.**
- ☐ ☐ **사고 싶은 걸 못 산 일이요.**
- ☐ ☐ **엄마한테 혼난 일이요.**

선생님의 제안

학교나 집에서 생활하다 보면 좋은 일도 있지만 속상한 일도 생깁니다. 속상한 일을 숨기지 않고 이야기하는 것이 매우 중요합니다. 최근 마음이 상한 일은 없었는지 공감해 주는 태도가 무엇보다 중요합니다. "많이 속상했지? 이제 엄마아빠한테 속상한 일 이야기했으니까 괜찮아."라고 말해 주세요.

이렇게 해 볼까?

속상한 일이 생겼을 때는 소중한 사람에게 이야기해 봐. 너의 이야기를 듣고 도와줄 거야. 또 슬픈 일은 나누면 반이 된다는 말이 있어. 가까운 사람에게 속상한 일들을 이야기하다 보면 어느새 마음이 편안해질 거야.

한 줄 반짝이는 생각

엄마아빠, 저 속상한 일이 있어요. 속상한 일은

이에요.

171

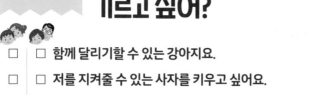

• 창의력 •

반려동물이나 곤충을 기를 수 있다면 어떤 것을 기르고 싶어?

- ☐ ☐ 함께 달리기할 수 있는 강아지요.
- ☐ ☐ 저를 지켜줄 수 있는 사자를 키우고 싶어요.
- ☐ ☐ 책에서 본 반딧불이요. 정말 신비하고 예쁜 것 같아요.

선생님의 제안

비록 상상이더라도 반려동물과 교감하는 것은 아이들의 정서적 안정감을 높입니다. 키우기 어려운 동물이라면 왜 그 동물을 키우고 싶어하는지, 집에서 키우기 어렵다면 어떻게 돌볼 수 있을지 이야기하며 상상력을 함양할 수도 있습니다.

이렇게 해 볼까?

네가 키우고 싶은 반려동물은 정말 멋지구나. 왜 그 동물을 키워 보고 싶어? 혹시 집에서 키우기 어려운 반려동물이나 곤충은 어떻게 하면 좋을까?

한 줄 반짝이는 생각

저는

을/를 키워 보고 싶어요.

만약 상상 속 동물을 만들 수 있다면 어떤 모습일까?

□ | □ **하늘을 독수리처럼 날아다니는 날개 달린 고양이요.**

□ | □ **알록달록 무지개 공룡이요.**

□ | □ **바다 속에 사는 빛나는 말이요.**

선생님의 제안

아이들은 동물을 좋아합니다. 기존에 알고 있는 동물이 아닌 상상 속의 동물을 이야기해 보면서 아이들의 창의력을 키울 수 있습니다. 좋아하는 동물들의 특징을 합쳐 새로운 동물을 만들 수도 있습니다. 아이들에게 흥미를 느끼는 질문을 던질 때, 어른들이 생각하지 못하는 창의적인 답변을 합니다.

이렇게 해 볼까?

좋아하는 동물 세 마리를 생각해 볼래? 그리고 그 세 마리가 왜 좋은지 이유를 생각해 봐. 그 이유를 모두 합친 동물을 한 번 표현해 보면 어떨까?

한 줄 반짝이는 생각

내가 만약 상상 속 동물을 만들 수 있다면

을/를 만들고 싶어요.

아이의 대답에
이렇게 반응해 주세요.

우리 아이와 대화다운 대화를 하는 시간이 얼마나 되시나요? 혹시 아이는 대화할 준비가 되었는데 부모님의 미지근한 반응으로 인해 대화가 끊기지는 않았나요? 좋은 대화를 위해 필요한 부모님의 반응에 대해 살펴보겠습니다.

첫째, 무엇보다 중요한 것은 경청입니다. 상담의 기법 중 가장 첫 번째로 꼽히는 것도 경청입니다. 엄마아빠가 경청하고 있다는 것을 아이가 느끼게 하기 위해서는 눈을 맞추고 대화를 하거나 아이의 얼굴을 보며 미소를 짓고 끄덕여 주실 수 있어요. 대화를 하며 부모님과 자녀가 서로 다른 행동을 하고 있다면 아이는 부모님이 자신의 이야기를 듣고 있지 않다고 생각하게 됩니다. 예를 들어 아이는 밥을 먹고 있는데 아빠는 빨래를 개고 있다면 아이는 혼자 이야기하는 느낌을 받습니다. 5분이라도 집중하는 시간을 내어 보세요.

인터넷에서 우스갯소리로 "진짜?", "정말?" 두 단어만 있으면 맞장구가 가능하다는 글을 본 적이 있습니다. 가벼운 농담처럼 들릴 수도 있지만 맞장구라는 것은 꼭 필요합니다. 대신 대화를 충분히 듣고 이해하고 있다는 것을 보여주기 위해서 아이의 말을 '반영'해 주세요. 아이의 말에서 읽을 수 있는 생각이나 감정을 비슷한 말로 다시 덧붙여 주시는 것입니다. "그러니까 친구가 먼저 너의 물건을 말도 없이 가져가서 속상했던 것이지?"와 같은 방식입니다.

둘째, 아이의 말을 충분히 수용해 주세요. 판단보다 공감해 주시는 것입니다. 하지만 무조건인 수용을 권하기는 어렵습니다. 대화의 내용에 비해 엄마아빠의 반응이 지나치게 크면 아이는 부모님의 관심을 위해 있었던 일을 과장하거나 지어내기도 합니다.

아이와 대화를 나누기가 어렵게 느껴질 수 있습니다. 하지만 대화에도 연습이 필요합니다

월요일
·생활·
너무 더운 날에는 무엇을 먹고 싶어?

- ☐ ☐ 시원한 아이스크림을 먹으며 책을 읽고 싶어요.
- ☐ ☐ 해수욕장에 가서 첨벙첨벙 수영하며 수박을 먹고 싶어요.
- ☐ ☐ 친구들과 그늘 아래에서 시원한 음료수를 먹고 싶어요.

선생님의 제안

햇빛이 쨍쨍 비추는 더운 날에도 우리 아이들에게는 하고 싶은 일과 먹고 싶은 것이 있습니다. 우리 아이가 더운 여름날 먹고 싶어 하는 음식을 기억했다가 챙겨 주세요. '엄마가 내 말을 듣고 기억하고 있었구나.' 고마워할 수 있습니다.

이렇게 해 볼까?

더운 날에 먹고 싶은 음식이 있어? 혼자 먹는 것도 좋고, 다 같이 먹어도 좋겠지? 만약 다른 사람과 먹는다면 누구와 먹고 싶어?

한 줄 반짝이는 생각

더운 여름 날 가장 먹고 싶은 음식은

입니다.

내가 읽은 책 속의 주인공이 될 수 있다면 무엇을 하고 싶어?

☐ ☐ 주인공이 사용한 마법을 사용해 보고 싶어요.

☐ ☐ 주인공처럼 어떤 문제도 뚝딱 해결하고 싶어요.

☐ ☐ 동물 친구들과 대화하는 능력을 갖고 싶어요.

선생님의 제안

아이들은 재미있는 책을 읽으면 책 속 주인공이 되고 싶다는 생각을 합니다. 내가 하지 못한 일들을 하거나, 내가 가보지 못한 곳을 갈 수 있는 주인공이 멋지게 보이기 때문인데요. 우리 아이가 어떤 책의 주인공이 되고 싶어 하는지 글과 그림으로 표현해 보게 해 주세요.

이렇게 해 볼까?

책 속의 주인공이 되면 가장 먼저 뭘 해 볼 거야? 피터팬처럼 하늘을 날아다닐 거야? 인어공주처럼 내가 좋아하는 사람을 만날 거야? 엄마아빠에게 책 속 주인공이 된 내 이야기를 해 보면 어떨까?

한 줄 반짝이는 생각

내가 만약 책 속 주인공이 된다면

이/가 되고 싶어요.

수요일 •창의력• 만약 투명인간이 된다면 어떤 일을 제일 먼저 하고 싶어?

- ☐ ☐ 엄마를 몰래 따라다닐래요.
- ☐ ☐ 수업 시간에 운동장에 나가서 놀래요.
- ☐ ☐ 다른 반에 가서 수업을 들어 볼래요.

선생님의 제안

투명인간이 되는 것은 많은 아이들이 갖고 싶은 능력 중 하나입니다. 누군가의 시선을 신경 쓰지 않고 내가 하고 싶은 것들을 자유롭게 할 수 있다는 것은 일종의 해방감을 주기도 하기 때문이지요. 우리 아이의 창의적인 답변을 들어보세요. 나도 모르게 미소 짓게 될지 모릅니다.

이렇게 해 볼까?

투명인간이 되면 어떤 점이 재미있을 것 같아? 엄마아빠한테 네가 투명인간이 되면 무엇을 하고 싶은지 재미있게 설명해 보면 어떨까? 엄마아빠가 너의 이야기를 들어줄게.

한 줄 반짝이는 생각

투명인간이 되면

이/가 재미있을 것 같아요.

177

목요일 •관계•

친구가 어려운 부탁을 할 때 어떻게 행동했어?

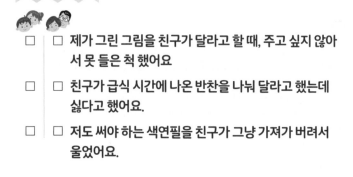

☐ ☐ 제가 그린 그림을 친구가 달라고 할 때, 주고 싶지 않아서 못 들은 척 했어요

☐ ☐ 친구가 급식 시간에 나온 반찬을 나눠 달라고 했는데 싫다고 했어요.

☐ ☐ 저도 써야 하는 색연필을 친구가 그냥 가져가 버려서 울었어요.

선생님의 제안

친구의 부탁을 들어주기 어려운 상황이라면 기분이 상하지 않게 잘 거절하는 것이 매우 중요합니다. 관계가 어색해질까 봐 용기를 내지 못하는 경우도 많습니다. 거절도 연습이 필요합니다. 핑계를 앞세우기보다는 단호하게 "미안하지만 안 돼."라고 말한 뒤, 이유를 분명하게 밝히는 것이 좋습니다.

이렇게 해 볼까?

어떨 때 친구의 부탁을 들어주기 어려웠니? 그때 너는 어떻게 했어? 친구의 부탁이 어려우면 무리해서 들어주지 않아도 돼. 그리고 어려운 이유를 꼭 설명해 줘. 친구의 마음도 중요하지만 너의 마음도 중요해.

한 줄 반짝이는 생각

친구야, 미안하지만

(해)줄래?

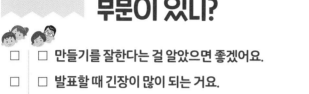

금요일 •자존감• 선생님이 너에 대해 더 잘 알았으면 하는 부분이 있니?

- ☐ ☐ **만들기를 잘한다는 걸 알았으면 좋겠어요.**
- ☐ ☐ **발표할 때 긴장이 많이 되는 거요.**
- ☐ ☐ **제가 어떤 친구를 좋아하는지 알았으면 좋겠어요.**

선생님의 제안

학교마다 상담주간 등을 활용해 선생님과 이야기를 나누는 시간이 있습니다. 이때 선생님과 어떤 대화를 하면 좋을지 미리 생각해 두면 좋습니다. 또한 아이에게 선생님이 너에 대해 더 잘 알았으면 하는 부분이나, 선생님께 하고 싶은 말이 있는지 물어봐 주세요.

이렇게 해 볼까?

내가 잘하는 것을 선생님 또는 엄마아빠에게 말해 보는 건 어떨까? 하고 싶은 말을 간직하기보다는 종종 이야기를 해야 마음이 편할 때가 많거든. 부탁하고 싶은 게 있으면 엄마아빠에게 이야기해 봐. 엄마아빠는 널 항상 도울 준비가 되어 있어.

한 줄 반짝이는 생각

선생님, 저는

_____

을/를 잘해요.

현장체험학습 시 준비해야 할 것과 주의해야 할 것이 있나요?

초등학교에서 가장 큰 행사 중 하나가 현장체험학습입니다. 지역마다 다를 수가 있지만 1년에 두 번 정도 현장체험학습을 갑니다. 저학년의 경우 몇 가지 준비해야 할 것과 주의사항이 있습니다. 학교 사정에 따라 준비물은 다를 수 있습니다.

1. 준비해야 할 물품
- 물, 비닐봉지(쓰레기 등의 물건을 넣는 용도), 모자, 돗자리(돗자리 케이스가 아닌 큰 지퍼백에 넣어서 보내야 좋습니다), 도시락(아이가 먹을 수 있는 만큼만 넣어 주세요), 간식(한두 개면 충분합니다), 물티슈, 휴지

2. 주의해야 할 것
- 모든 물건에 이름을 적어야 합니다.
- 학교에서 안전교육을 철저히 하지만 가정에서도 안전교육을 실시해야 합니다. 예를 들어 안전벨트를 착용하고, 혼자 다른 곳에 가지 않으며 무슨 일이 생기면 반드시 선생님께 말씀드립니다.
- 쓰레기를 아무 곳에나 버리지 않습니다. 자기가 먹은 음식과 과일 등을 버리거나, 간식을 먹고 남은 봉지를 모르는 척 바닥에 두고 오는 경우가 많습니다.
- 버스에 탑승하기 전에 화장실 다녀옵니다.
- 박물관 등에 전시된 물품을 함부로 건드리지 않습니다.
- 선생님의 말씀을 잘 듣습니다.
- 위험한 행동을 하지 않습니다.

친구를 집으로 초대할 수 있다면 누구를 초대하고 싶어?

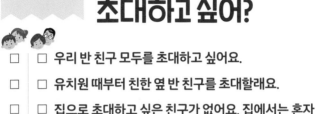

- ☐ ☐ 우리 반 친구 모두를 초대하고 싶어요.
- ☐ ☐ 유치원 때부터 친한 옆 반 친구를 초대할래요.
- ☐ ☐ 집으로 초대하고 싶은 친구가 없어요. 집에서는 혼자 놀고 싶어요.

선생님의 제안

학부모 상담 시 종종 집에 친구를 데려오지 않는 아이를 걱정하는 부모님을 만납니다. 혹시 우리 아이만 친한 친구가 없을까 봐 걱정하시는 것이지요. 아이에 따라 집에서는 자신만의 시간을 가지고 싶어 하는 친구도 있습니다. 혼자 노는 것도 좋지만 교실 안에서는 친구와 대화도 하고 놀이도 함께하라고 말해주세요.

이렇게 해 볼까?

친구가 집으로 놀러 온다면 무엇을 하면서 놀고 싶어? 반대로 친구네 집으로 놀러간다면 무엇을 하면서 놀고 싶어?

한 줄 반짝이는 생각

다른 친구의 집에 초대받는다면

을/를 준비할래요.

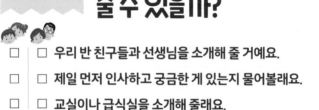

화요일 •관계•

우리 반에 새로운 친구가 전학 온다면 어떤 도움을 줄 수 있을까?

- ☐ ☐ 우리 반 친구들과 선생님을 소개해 줄 거예요.
- ☐ ☐ 제일 먼저 인사하고 궁금한 게 있는지 물어볼래요.
- ☐ ☐ 교실이나 급식실을 소개해 줄래요.

선생님의 제안

새로운 친구를 환영하고 도움을 주는 상상을 통해 친구의 입장을 이해하고 배려하는 태도를 기를 수 있습니다. 이는 아이의 교우관계와 소통 능력에도 긍정적인 영향을 줍니다. 만일 어떤 도움을 주어야 할지 잘 모른다면 아이가 주변에서 받았던 도움을 떠올려 볼 수 있게 유도해 주세요.

이렇게 해 볼까?

새로운 친구가 우리 교실에 온다면 어떤 어려움을 겪을까? 그럼 우리는 어떻게 도와줄 수 있을까? 학교에서 친구에게 도움받았던 경험을 한 번 떠올려 보렴.

한 줄 반짝이는 생각

저는 전학생이 오면

하며 도와줄래요.

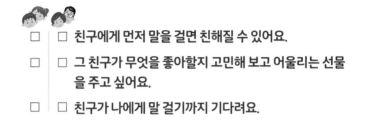

수요일
•관계•

친해지고 싶은 친구에게 어떻게 다가가면 좋을까?

□ □ 친구에게 먼저 말을 걸면 친해질 수 있어요.

□ □ 그 친구가 무엇을 좋아할지 고민해 보고 어울리는 선물을 주고 싶어요.

□ □ 친구가 나에게 말 걸기까지 기다려요.

선생님의 제안

처음 만나는 친구와 가까워지는 것은 아이들에게도 큰 부담입니다. 아이가 사회적 관계를 어떻게 만드는지 부모가 알아차리고, 친구 사귀는 방법을 안내한다는 점에서 중요한 질문입니다. 처음 친구를 만날 때나 친구가 환영해주지 않을 때 어떻게 대처해야 하는지 이야기해 주세요.

이렇게 해 볼까?

아직 친하지 않지만 가까워지고 싶은 친구가 있을 땐 어떻게 다가가면 좋을까? 친구가 네가 다가갔는데도 뚱한 표정을 지을 때는 네가 싫은 것이 아니라 당황하거나 어색해서 그런 것일 수 있어. 그럴 때는 솔직하게 같이 놀고 싶다고 이야기해 보는 것도 좋아.

한 줄 반짝이는 생각

아직 어색한 친구에게

하며 다가가요.

학교에서 가장 좋아하는 장소는 어디야?

□ | □ 교실에 있을 때 편안한 마음이 들어요.

□ | □ 친구들과 놀 수 있는 운동장이 제일 좋아요.

□ | □ 보건선생님이 있는 보건실이 좋아요.

선생님의 제안

학교는 하루 일과 중 대부분의 시간을 보내는 곳입니다. 그런 곳에서 가장 좋아하는 장소를 찾아보는 일은 애착심을 형성하는 계기가 됩니다. 가장 좋아하는 장소에서 무엇을 할 때 기분이 좋은지 이야기를 이어가면 좋습니다.

이렇게 해 볼까?

학교에서 좋아하는 장소를 만들어 보자. 학교가 네가 매일 가고 싶은 즐거운 곳이 된다면 좋겠어.

한 줄 반짝이는 생각

제가 학교에서 가장 좋아하는 장소는

이에요.

엄마가 잔소리를 하면 어떤 생각이 들어?

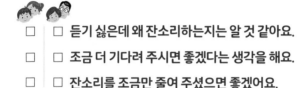

□ □ 듣기 싫은데 왜 잔소리하는지는 알 것 같아요.

□ □ 조금 더 기다려 주시면 좋겠다는 생각을 해요.

□ □ 잔소리를 조금만 줄여 주셨으면 좋겠어요.

선생님의 제안

부모와 아이의 대화의 많은 부분은 아이의 행동을 교정하거나 좋은 환경을 유지하기 위해 잔소리로 이어지는 경우가 많습니다. 꼭 필요한 이야기이지만 잔소리 때문에 대화가 끊어지기도 합니다. 일방적으로 이야기하기보다 왜 이런 말을 하는지, 어떻게 말해주면 좋을지 대화해 보세요.

이렇게 해 볼까?

엄마아빠가 너에게 말을 할 때 지켜주길 바라는 게 있니? 엄마아빠가 잔소리할 때 마음이 어때?

한 줄 반짝이는 생각

엄마아빠가 잔소리하면 내 기분은

처럼 변해요.

학교폭력이 발생하면
이런 과정을 거칩니다.

학교폭력은 학교 내외에서 학생을 대상으로 발생한 상해, 폭행, 감금, 협박, 성폭력, 따돌림 등에 의하여 신체, 정신 또는 재산상의 피해를 수반하는 행위를 말합니다. 학교생활을 하다 보면 좋은 일도 있지만 걱정되는 일, 화나는 일 등이 생길 수 있습니다. 이 중 부모님의 마음을 가장 아프게 하는 일 중 하나가 학교폭력입니다.

만약 학교폭력이라고 생각될 경우, 학부모님이 학교폭력 신고를 할 수 있습니다. 하지만 신고를 하기 전에 어떤 일이 있었는지 침착하게 알아보아야 합니다. 내 아이의 말을 듣는 것도 중요하지만 학교 담임선생님께 어떤 일이 있었는지 물어보는 것도 중요합니다. 내 아이의 입장에서 바라볼 때와 다른 아이의 입장에서 바라보는 것, 또한 학교 입장에서 알아본 정황이 일치하지 않는 경우가 있습니다. 그러므로 화난 마음을 가라 앉히고 사건을 정확하게 파악하는 것이 무엇보다 중요합니다. 사건을 파악한 후 학교폭력으로 신고를 희망하실 경우 학교폭력 담당 선생님 또는 담임선생님께 학교폭력 신고를 희망한다고 전달하시면 됩니다.

이후에는 학교폭력 담당선생님이 필요한 서류와 동의서 등을 보내게 됩니다. 이후 교육(지원)청에 보고가 되면 추후 날짜를 정해 학교에 조사관이 배정됩니다. 조사관이 학교에 방문해 사안조사 보고서를 작성합니다. 자체해결이 가능할 경우(피해학생측 자체해결 동의 시) 자체해결 단계를 진행하게 됩니다. 하지만 자체해결이 불가능한 사안일 경우 교육지원청 심의위원회를 통해 조치 결정이 이루어지고 이후 학교로 결과 통보가 되게 됩니다.

지금 엄마아빠와 어떤 이야기를 나누고 싶어?

- ☐ ☐ 이번주 주말에 뭐하고 놀지 같이 이야기해 보고 싶어요.
- ☐ ☐ 저랑 가장 친한 친구를 엄마아빠한테 소개해 주고 싶어요.
- ☐ ☐ 엄마아빠랑 같이 마트에 가서 물건을 사고 싶어요.

선생님의 제안

이 질문을 통해 아이의 대화 욕구가 충족되고 있는지 확인해 보세요. 아이가 제시한 주제가 있다면 잠시 다른 일들은 제쳐두고 그 주제에 대해 바로 대화해 보는 것을 추천합니다. 아이가 제시한 대화 주제에 대해서 서로 생각을 이야기하는 것은 아이의 정서발달에 큰 도움을 줍니다.

이렇게 해 볼까?

엄마아빠와 대화하면 어떤 기분이 들어? 엄마아빠와 평소에 대화를 많이 한다고 생각하니? 이야기해 보고 싶은 주제가 있었는지 말해 줄래?

한 줄 반짝이는 생각

엄마아빠와

에 대해 이야기해 보고 싶어요.

화요일
•관계•

이 세상에서 가장
믿는 사람이 누구야?

☐ ☐ **엄마아빠요! 언제나 저를 챙겨 주시잖아요.**

☐ ☐ **친구요. 제 비밀을 많이 알고 있으니까요.**

☐ ☐ **선생님이요. 선생님은 무슨 문제든 해결해 주세요.**

선생님의 제안

신뢰하는 사람에 대한 질문은 관계 형성을 지원하는 데에 필요합니다. 신뢰는 아이들의 안전한 환경을 조성하는 기초이기 때문에 어떤 관계를 만들고 싶은지 확인할 수 있으며, 심리적 또는 정서적으로 안정감을 느끼는지 확인할 수 있습니다.

이렇게 해 볼까?

가장 믿는 사람과 함께 있으면 어떤 느낌이 들어? 난 누구에게 소중한 사람이면 좋겠어?

한 줄 반짝이는 생각

제가 제일 믿는 사람은

이에요.

친구에게 가장 듣기 싫은 말은 뭐야?

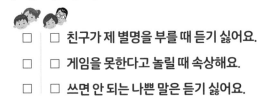

□ □ **친구가 제 별명을 부를 때 듣기 싫어요.**

□ □ **게임을 못한다고 놀릴 때 속상해요.**

□ □ **쓰면 안 되는 나쁜 말은 듣기 싫어요.**

선생님의 제안

내 아이가 평소에 올바른 언어 습관을 갖고 있는지 우리 아이 주변에서는 어떤 말이 오가는지 확인해 보세요. 또 내가 듣기 싫은 말은 다른 사람들도 듣기 불쾌할 수 있다고 말해주세요. 가정에서 곱고 바른 말 쓰기를 함께 실천해 주시는 것이 좋습니다.

이렇게 해 볼까?

말은 그 사람을 나타내는 거울이야. 네가 어떤 말을 하는지에 따라서 네 거울이 반짝일 수도 있고 더러워질 수도 있어. 평소에 어떤 말을 하면서 하루를 보내야 될지 함께 생각해 볼까?

한 줄 반짝이는 생각

말하기 전에 한 번 생각해야 되는 이유는

·····

하기 때문이에요.

우리 반에 전학생이 온다면 어떤 친구가 왔으면 좋겠어?

- ☐ ☐ 예쁘고 잘생긴 친구가 왔으면 좋겠어요.
- ☐ ☐ 착한 친구가 왔으면 좋겠어요.
- ☐ ☐ 저랑 마음이 잘 맞는 친구가 왔으면 좋겠어요.

선생님의 제안

전학생을 상상하는 활동을 통해 아이가 선호하는 친구 유형을 간접적으로 파악할 수 있습니다. 또 새로운 친구가 전학 오는 상황을 상상하며 창의적으로 자신만의 이야기를 만들어 내는 능력을 향상할 수도 있습니다.

이렇게 해 볼까?

새로운 친구가 전학 온다면 무엇을 하며 같이 놀고 싶어? 만약 우리 반에 전학생이 온다면 우리 반을 어떻게 소개하고 싶어?

한 줄 반짝이는 생각

저는

친구가 우리 반에 전학 오면 좋겠어요.

꼭 만나 보고 싶은 사람이 있어?

- [ ] [ ] 만화 영화에 나오는 캐릭터를 만나고 싶어요.
- [ ] [ ] 좋아하는 가수를 만나서 가수가 되려면 어떻게 해야 하는지 물어볼래요.
- [ ] [ ] 돌아가신 할머니와 할아버지를 만나고 싶어요.

선생님의 제안

실제 인물 또는 상상 속 인물 중 만나 보고 싶은 사람이 있는지 물어보는 질문입니다. 아이들은 누군가를 꼭 만나고 싶다고 말하는 경우가 있습니다. 왜 만나고 싶은지, 그 인물의 어떤 점이 좋은지 이유를 물어보며 이야기를 이어 나가면 좋습니다.

이렇게 해 볼까?

만나고 싶은 사람을 만난다면 가장 먼저 어떤 말을 하고 싶어? 그 사람과 무엇을 하고 싶어?

한 줄 반짝이는 생각

지금 가장 보고 싶은 사람은

이에요.

초등학교 입학 전 배워두면
좋은 운동, 줄넘기

운동은 초등 저학년은 물론 미취학 아동들의 신체 발달뿐만 아니라 정서적·사회적 발달에도 큰 도움을 줍니다. 이 시기의 운동은 아이들이 학교생활에 잘 적응하고, 학습 능력을 향상시키는 데 중요한 역할을 합니다. 초등학교 저학년 때 가장 많이 하는 운동은 균형 감각을 향상하기 좋은 줄넘기입니다. 줄넘기를 하면 몸 전체의 균형과 리듬감을 기를 수 있습니다. 줄넘기를 익히는 방법은 아래와 같습니다.

첫째, 줄넘기 줄을 자녀의 키에 맞춥니다. 줄넘기를 양손에 잡고 발로 줄의 중간 부분을 밟았을 때 손잡이가 아이의 가슴 정도 높이에 와야 합니다.

둘째, 제자리에서 가볍게 점프하는 연습을 합니다. 발뒤꿈치가 바닥에서 살짝 떨어지는 느낌으로 가볍게 뛰며 리듬감을 익힙니다.

셋째, 줄을 몸 뒤에 두고 시작합니다. 손목을 사용해 앞으로 넘기며 줄이 바닥에 닿을 때 가볍게 점프합니다. 줄을 앞뒤로 돌리면서 타이밍을 맞추는 연습을 해야 합니다.

줄넘기를 익힐 때 가장 중요한 것은 줄을 넘는 횟수를 조금씩 늘려가는 것입니다. 처음 2~3회를 넘기고, 성공할 때마다 횟수를 늘려가는 것이 중요합니다.

줄넘기 운동은 재미있는 놀이일 뿐만 아니라 신체적, 정신적 발달에 긍정적인 영향을 미칩니다. 따라서 아이가 입학 전에 줄넘기에 관심을 갖고 연습할 수 있도록 돕는 것이 무엇보다 중요합니다.

로봇을 만들 수 있다면 어떤 로봇을 만들고 싶어?

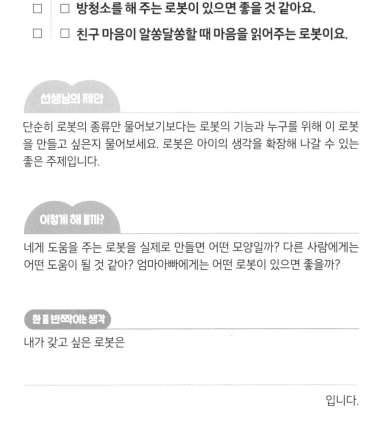

- ☐ ☐ 내 숙제를 대신해 주는 로봇이요.
- ☐ ☐ 방청소를 해 주는 로봇이 있으면 좋을 것 같아요.
- ☐ ☐ 친구 마음이 알쏭달쏭할 때 마음을 읽어주는 로봇이요.

선생님의 제안

단순히 로봇의 종류만 물어보기보다는 로봇의 기능과 누구를 위해 이 로봇을 만들고 싶은지 물어보세요. 로봇은 아이의 생각을 확장해 나갈 수 있는 좋은 주제입니다.

이렇게 해 볼까?

네게 도움을 주는 로봇을 실제로 만들면 어떤 모양일까? 다른 사람에게는 어떤 도움이 될 것 같아? 엄마아빠에게는 어떤 로봇이 있으면 좋을까?

한 줄 반짝이는 생각

내가 갖고 싶은 로봇은

입니다.

계절이 바뀌는 걸 어떻게 알 수 있어?

☐ ☐ 계절이 바뀌면 나뭇잎의 색깔도 바뀌어요.

☐ ☐ 사람들의 옷을 보면 계절이 바뀌는 걸 알 수 있어요.

☐ ☐ 여름이 되니까 지난 봄보다 키가 더 컸어요.

선생님의 제안

계절의 변화와 관련된 다양한 모습들을 떠올려 보게 해 주세요. 계절의 변화는 곧 시간의 흐름을 의미합니다. 시간의 흐름은 성장과 연결 지을 수 있기 때문에 우리 아이의 성장에 대해 대화해 보세요.

이렇게 해 볼까?

만약 우리가 나무나 꽃이 된다면 계절이 바뀔 때 어떤 기분이 들까?

한 줄 반짝이는 생각

계절이 바뀌어도 바뀌지 않는 것은

입니다.

친구가 너를 놀린 적이 있어? 그때 어떻게 했어?

- ☐ ☐ 기분 나쁘니까 하지 말라고 이야기했어요.
- ☐ ☐ 친구가 자꾸 제 말을 안 들어줘서 선생님께 말씀드렸어요.
- ☐ ☐ 화가 나서 저도 같이 놀렸어요.

선생님의 제안

친구가 놀렸을 때 가장 좋은 대처 방법은 기분이 나쁘다는 것을 바로 표현하는 것입니다. 친구의 행동에 대한 나의 기분을 단호하게 말할 수 있어야 합니다. 처음에는 선생님과 부모님의 도움을 받더라도 스스로 말하는 용기를 내지 않으면 교우 관계에 어려움이 생길 때마다 어른에게 의존하거나 참게 됩니다.

이렇게 해 볼까?

친구가 놀려서 정말 속상했겠다. 그때 너는 뭐라고 했니? 네가 말해 주지 않으면 친구는 너의 기분이 나쁜 것을 잘 모를 수 있어. 친구가 어떤 행동을 했는지, 너의 기분은 어땠는지 말하는 연습을 해 보자.

한 줄 반짝이는 생각

친구야, 너의 행동 때문에 기분이 정말 나빴어. 앞으로는

해 줘.

목요일 •학습•
집에서 스스로 공부하기 위해 무엇이 필요할까?

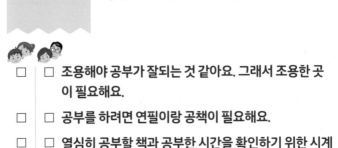

- ☐ ☐ 조용해야 공부가 잘되는 것 같아요. 그래서 조용한 곳이 필요해요.
- ☐ ☐ 공부를 하려면 연필이랑 공책이 필요해요.
- ☐ ☐ 열심히 공부할 책과 공부한 시간을 확인하기 위한 시계가 필요해요.

선생님의 제안

스스로 공부하기 위해 필요한 것들을 구체적으로 떠올려보게 하고 필요한 것을 함께 준비해 보세요. 문구류와 같이 눈에 보이는 것부터, 시간 관리나 공부 습관에 대한 내용까지 대화를 확장해 보세요.

이렇게 해 볼까?

엄마, 아빠가 너의 공부를 어떻게 도와주면 좋을까? 처음에는 혼자 공부하는 게 어려울 수 있지만 조금씩 하다 보면 금방 잘하게 될 거야.

한 줄 반짝이는 생각

스스로 공부하기 위해서는

_____

하는 습관을 가져요.

공부나 숙제가 잘되는 나만의 비법이 있어?

- ☐ ☐ 책상이 깨끗하면 공부가 잘돼요. 먼저 책상을 정리해요.
- ☐ ☐ 숙제가 무엇인지 확인부터 해요.
- ☐ ☐ 해야 할 일을 종이에 써 봐요.

선생님의 제안

우리 아이가 생각한 공부 방법이 효과적일지 확신이 서지 않더라도, 우선 아이의 생각을 존중하고 기회를 주는 것이 중요합니다. 시행착오를 겪더라도 포기하지 않고 더 나은 방법을 찾아갈 수 있도록 옆에서 같이 방법을 찾아 주세요.

이렇게 해 볼까?

해야 할 공부나 숙제를 계획표로 정리해 볼까? 계획대로 실천하기 어려울 때는 어떻게 하는 게 좋을까?

한 줄 반짝이는 생각

공부를 하려면 먼저

해야 해요.

세 살 버릇 여든까지 가는 연필잡기

바르게 글씨를 쓰는 데 가장 중요한 것은 바로 바르게 연필을 쥐는 것입니다. 연필을 올바르게 잡고 쓰면 글쓰기의 정확성이 높아지고 손의 피로감도 줄일 수 있습니다. 연필을 바르게 잡는 방법을 단계별로 알아봅시다.

1. 사진과 같이 손가락 모양을 만든 후 엄지와 검지 사이, 중지에 점을 찍어줍니다.
2. 연필이 점 위를 가로지르도록 연필을 올리고 자연스럽게 엄지, 검지로 감싸쥡니다(이때, 엄지와 검지가 동그라미 모양을 이루고 있어야 합니다).
3. 손 끝에 힘을 주고 손목이 꺾이지 않도록 글씨를 씁니다.

이외에도 연필을 잡았을 때 손이 연필의 끝을 가리지 않도록 하고, 글씨를 쓸 때는 허리를 펴고 팔과 어깨에는 힘을 빼고 편안하게 유지해야 합니다. 엄지와 검지에 힘을 주어 바르게 글씨 쓰는 것을 어려워할 경우에는 엄지와 검지로 집게를 눌러 보는 활동으로 힘을 기를 수 있도록 도움을 줄 수 있습니다.

저학년 시기 한 번 잘못 형성된 연필 잡기 습관은 교정하기 어렵습니다. 세 살 버릇 여든까지 가는 연필 잡기, 가정에서 함께 연습해 보세요!

학교에서 맡은 역할이 있니?

- ☐ ☐ 친구들에게 책을 빌려주는 책 담당이에요.
- ☐ ☐ 친구들에게 우유를 나눠줘요.
- ☐ ☐ 선생님 도우미 역할을 해요. 심부름도 많이 해요!

선생님의 제안

자기 역할을 알고 수행하는 것은 학교생활의 기본이기도 합니다. 아이가 관심 있어 하는 역할이나 지금 하고 있는 역할에 대한 자기만의 노하우를 들어주는 것만으로도 책임감을 갖고 그 역할을 잘 해내겠다는 의지를 북돋 워줍니다. 어려운 점이나 즐거운 점은 무엇인지 대화해 주세요.

이렇게 해 볼까?

학교에서 꾸준히 하고 있는 활동이 있어? 어떤 활동인지 엄마한테 설명해 줄래? 너의 역할에 최선을 다해야 하는 이유가 뭘까?

한 줄 반짝이는 생각

제가 맡은 역할은

입니다.

집에서 함께 불러 보고 싶은 노래가 있어?

☐ ☐ 국어 시간에 배운 한글 노래를 집에서도 불러 보고 싶어요.

☐ ☐ 재미있는 동요를 배웠는데 집에서도 불러 보고 싶어요.

☐ ☐ 우리 나라를 빛낸 위인들에 대한 노래가 재미있었어요.

선생님의 제안

초등학교 저학년 시기에는 학습 노래를 많이 듣습니다. 반복되는 가사와 재미있는 멜로디를 들으며 중요한 내용을 쉽게 이해하고 기억할 수 있기 때문입니다. 또 아이들의 정서 지능을 함양할 수 있는 다양한 동요를 부르기도 합니다. 가정에서도 함께 부르며 공부한 내용을 자연스럽게 복습해 보세요.

이렇게 해 볼까?

학교에서 재미있는 노래를 많이 배웠구나. 엄마아빠에게도 어떤 노래인지 들려줘.

한 줄 반짝이는 생각

저는

노래를 집에서도 부르고 싶어요.

수요일
•창의력•

자유롭게 학교에 갈 수 있다면 아침과 저녁 중 언제 가고 싶어?

- ☐ ☐ 저녁은 무서워서 아침에 학교 가는 것이 좋아요.
- ☐ ☐ 저녁에 학교에 가면 늦잠을 잘 수 있어서 좋을 것 같아요.
- ☐ ☐ 저녁에 학교에 가면 맛있는 급식을 못 먹으니까 아침에 갈래요.

선생님의 제안

아침과 저녁 활동의 장점과 단점을 비교하며 자신의 생활 패턴과 특성을 파악하는 질문입니다. 자신의 생각을 조리 있게 말하기 어려워한다면, '저는 ~에 학교에 갈래요. 왜냐하면~'과 같은 문장을 제시해도 좋습니다.

이렇게 해 볼까?

아침에 학교에 가는 것도, 저녁에 학교에 가는 것도 다 각각의 좋은 점이 있구나. 모든 일에는 장점과 단점이 있는 것 같아.

한 줄 반짝이는 생각

만약 밤에 학교에 가게 된다면

_____

것 같아요.

만약 반 대표가 된다면 반 친구를 위해서 무엇을 해 주고 싶어?

- ☐ ☐ **도움이 필요한 친구를 도와주고 싶어요.**
- ☐ ☐ **친구들에게 맛있는 것을 나누어 주고 싶어요.**
- ☐ ☐ **친구들이 못 푼 문제를 풀 수 있도록 도와주고 싶어요.**

선생님의 제안

많은 학교에서 초등학교 3학년 정도부터 학급 자치 활동을 시작합니다. 그래서 저학년은 학급 임원을 뽑지 않는 경우가 많습니다. 그러나 1인 1역 등을 통해 반에서 책임감을 기를 수 있는 활동은 대부분의 저학년 교실에서 이루어집니다. 이 질문을 통해 아이의 공동체 의식을 되돌아볼 수 있습니다.

이렇게 해 볼까?

반에서 어떤 역할을 맡았다고 해서 내 마음대로 해도 된다는 뜻은 아니야. 늘 친구들의 이야기를 잘 듣고 성실하게 책임을 다하는 게 중요해.

한 줄 반짝이는 생각

우리 반을 대표하려면

어린이가 되어야 해요.

최근에 가장 재미있게 읽은 책을 소개해 줄래?

- ☐ ☐ 재미있게 읽은 책이 많아서 무엇을 말해야 할지 모르겠어요.
- ☐ ☐ 학교 도서관에서 읽은 책인데 그림이 귀여워요.
- ☐ ☐ 선생님이 수업 시간에 소개해 주신 책 내용이 너무 웃겨요.

선생님의 제안

저학년 아이들은 독서 습관을 형성하고 언어 능력을 발전시키는 과정에 있습니다. 책에 대한 대화는 독서 습관을 되돌아보고 증진시키는 효과가 있습니다. 아이들은 책을 읽으며 사고력을 키우기 때문에 독서 감상을 자주 나누는 것이 중요합니다.

이렇게 해 볼까?

책을 일주일에 몇 권 정도 읽는 것 같아? 가장 재미있게 읽은 책이 있으면 말해줘.

한 줄 반짝이는 생각

요즘 재미있게 읽은 책은

입니다.

아이가 아침에 갑자기 열이 나요. 학교 등교는 어떻게 하죠?

저학년의 경우 컨디션이 자주 바뀌기 때문에 아침에 일어났을 때 또는 등교 전날 밤 열이 나는 경우가 잦습니다. 그럴 때 당황하지 않고, 학교에 어떻게 연락해야 하는지 살펴보겠습니다.

아침에 바로 병원에 가야 할 경우 병지각이나 병결석을 해야 합니다. 병지각은 병원을 들른 후 학교에 보낼 경우입니다. 몸이 안 좋아 학교를 결석하게 될 경우에는 병결석 처리가 됩니다.

병지각 또는 병결석을 할 경우 담임선생님이나 교무실에 아이의 상태를 공유해 주세요. 병원에 다녀온 후에 등교가 가능하다면 몇 시까지 등교할 수 있는지 시간을 알려주시고, 결석이 필요하다면 오늘 하루는 가정에서 쉬겠다고 다시 연락하시면 됩니다. 병결석에 필요한 서류는 학교마다 다르기 때문에 학년 초에 확인하시는 것이 좋습니다. 보통 약 봉투와 진료확인서 등이 병지각, 병결석 서류로 인정을 받습니다.

종종 학교에 행사가 있거나 아이가 좋아하는 과목의 수업이 있는 날이면 아프더라도 무리해서 등교하는 경우도 많습니다. 무엇보다 중요한 것은 우리 아이의 건강입니다. 의사선생님과 상의해 아이가 등교를 해도 되는지를 확인한 후 결정하는 것이 매우 중요합니다. 만약 컨디션이 좋지 않다면 가정에서 충분히 쉬는 것이 좋습니다. 열이 내려 학교에 등교할 경우 아이에게 몸이 안 좋거나 열이 나는 것 같으면 반드시 담임선생님 또는 보건선생님께 자신의 몸상태를 말하라고 해 주세요. 증상이 있을 시 충분한 휴식을 취하게 해 주시고, 전문의의 진료를 꼭 받아 주세요.

월화수목금 중 가장 좋아하는 요일은 언제야?

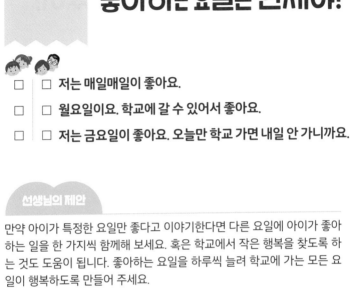

- ☐ ☐ **저는 매일매일이 좋아요.**
- ☐ ☐ **월요일이요. 학교에 갈 수 있어서 좋아요.**
- ☐ ☐ **저는 금요일이 좋아요. 오늘만 학교 가면 내일 안 가니까요.**

선생님의 제안

만약 아이가 특정한 요일만 좋다고 이야기한다면 다른 요일에 아이가 좋아하는 일을 한 가지씩 함께해 보세요. 혹은 학교에서 작은 행복을 찾도록 하는 것도 도움이 됩니다. 좋아하는 요일을 하루씩 늘려 학교에 가는 모든 요일이 행복하도록 만들어 주세요.

이렇게 해 볼까?

어떤 날이든 행복하고 의미 있는 하루가 될 거야. 매일매일이 즐겁길 바랄게.

한 줄 반짝이는 생각

이번 주 월요일부터 금요일까지 꼭 하고 싶은 일은

_____

입니다.

화요일
·생활·

생일에 꼭
하고 싶은 일이 있어?

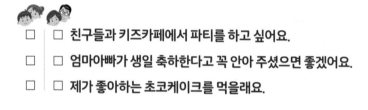

- [ ] [ ] **친구들과 키즈카페에서 파티를 하고 싶어요.**
- [ ] [ ] **엄마아빠가 생일 축하한다고 꼭 안아 주셨으면 좋겠어요.**
- [ ] [ ] **제가 좋아하는 초코케이크를 먹을래요.**

선생님의 제안

저학년일수록 아이들이 생일에 부여하는 의미가 큰 경우가 많습니다. 생일은 가족과 친구들로부터 사랑을 받는 날이고, 맛있는 것을 먹거나 선물을 받는 날이기에 보통 며칠 전부터 생일을 손꼽아 기다리곤 합니다. 아이에게 이번 생일은 어떻게 보내고 싶은지 물어보고 함께 계획을 세워 보세요.

이렇게 해 볼까?

나이를 한 살 더 먹고 벌써 초등학생이 된 것을 축하해! 이번 생일은 어떻게 보내고 싶어? 모든 것을 다 들어줄 수는 없어도 너를 축하하는 마음은 진심이란다.

한 줄 반짝이는 생각

저는 생일에

을/를 하고 싶어요.

어떤 칭찬을 받고 싶어?

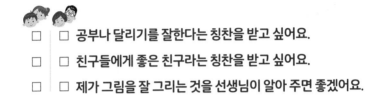

☐ ☐ **공부나 달리기를 잘한다는 칭찬을 받고 싶어요.**

☐ ☐ **친구들에게 좋은 친구라는 칭찬을 받고 싶어요.**

☐ ☐ **제가 그림을 잘 그리는 것을 선생님이 알아 주면 좋겠어요.**

선생님의 제안

아이가 받고 싶어하는 칭찬은 대개 아이의 노력이나 성취를 인정하는 것들입니다. 아이가 듣고 싶어하는 칭찬을 물어보고, 자주 칭찬해 주세요. 듣고 싶은 칭찬이 없다면 아이가 평소 열심히 노력하는 것을 찾아 칭찬해 주셔도 좋습니다. 칭찬을 할 때는 결과가 아닌 노력한 과정을 칭찬하는 것이 효과적입니다.

이렇게 해 볼까?

어떻게 이런 생각을 할 수 있었어? 아이디어가 정말 멋지다. 이런 멋진 생각을 들려 줘서 고마워.

한 줄 반짝이는 생각

저는

라는 말을 들으면 힘이 나요.

목요일
•관계•

평소 학교에서 가장 많이 하는 말이 무엇인 것 같아?

- ☐ │ ☐ **선생님**
- ☐ │ ☐ **같이 놀래?**
- ☐ │ ☐ **뭐해? 이거 뭐야?**

선생님의 제안

아이가 학교에서 가장 많이 하는 말은 아마 선생님일 겁니다. 아직 선생님의 도움이 많이 필요하기 때문입니다. 이를 통해 학교나 선생님에 대해 어떻게 생각하는지도 알 수 있습니다. 두 번째로 친구에게 가장 하고 싶은 말 또는 듣고 싶은 말인 "같이 놀래?"를 많이 말할 수 있게 격려해 주세요.

이렇게 해 볼까?

가장 많이 하는 말이 가장 듣고 싶은 말이 되면 어떨까? 친구에게 가장 듣고 싶은 말인 "같이 놀래?"라는 말을 다섯 번만 소리 내서 연습해 볼까?

한 줄 반짝이는 생각

평소에 제가 하고 싶은 말은

─────────────────────────────

입니다.

오늘 학교에서 가장 힘들었던 순간은 언제야?

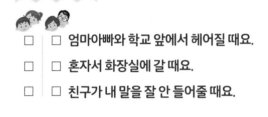

- ☐ ☐ 엄마아빠와 학교 앞에서 헤어질 때요.
- ☐ ☐ 혼자서 화장실에 갈 때요.
- ☐ ☐ 친구가 내 말을 잘 안 들어줄 때요.

선생님의 제안

혼자서 처음 해 보는 일은 늘 어렵습니다. 좋은 순간을 질문하는 것도 중요하지만 어떤 점이 가장 힘든지 알아야 합니다. 힘든 이유를 듣고 아이가 학교에 잘 적응할 수 있게 도와주세요. 우리 아이가 씩씩하게 학교를 다닐 수 있도록 아이의 말을 듣고 방법을 함께 고민해 주세요.

이렇게 해 볼까?

지금은 힘들지만 넌 잘 이겨낼 수 있어. 처음에는 다 어렵고 힘들지만 하나씩 해 나가다 보면 학교생활이 즐거워질 거야. 너무 힘들 땐 꼭 힘들다고 이야기해야 해. 선생님과 엄마가 널 도와줄게.

한 줄 반짝이는 생각

오늘 학교에서 가장 힘든 시간은

이었어요.

학부모 공개 수업에 꼭 참석해야 할까요?

학부모 공개 수업은 학교의 사정에 따라 연 1~2회 정도 이루어집니다. 이 날은 학교에 학부모님이 방문하여 자녀의 수업을 참관하게 됩니다. 학부모 공개 수업에 참석하는 것은 필수가 아닙니다. 학부모님의 사정에 따라 참석 여부를 결정하면 됩니다.

하지만 참석할 수 있는 상황이라면 가급적 참석하는 걸 추천합니다. 자녀의 학습과 학교생활을 직접 눈으로 확인하는 경험은 자주 할 수 없기 때문입니다. 또 아이의 성향에 따라 다르겠지만 저학년의 경우 부모님이 학교에 오는 날만 손꼽아 기다리기도 합니다.

공개 수업 때 학교에 가기로 결정을 했다면 다음과 같은 부분을 중점적으로 살펴보세요.

1. 아이가 하루 중 가장 많은 시간을 보내는 교실 환경을 한 번 둘러보세요. 우리 아이의 책상 서랍과 사물함 정리 상태를 확인하고 잘 안되어 있다면 집으로 돌아와 지도해 주세요.

2. 아이가 수업 시간에 어떻게 수업을 듣고 있는지 살펴보세요. 우리 아이가 선생님을 볼 때 어떻게 보는지, 교과서나 학습자료를 바르게 두고 수업에 참여하는지 살펴본 후 집에 돌아가 아이와 이야기 나누어 보면 좋습니다.

3. 아이가 짝, 모둠, 친구들과 어떻게 소통하는지 살펴보세요.

발표를 꼭 해야만 수업을 열심히 듣는 것이 아닙니다. 대신 친구와 모둠이나 협력 활동을 잘하는지 관찰해 주세요. 반대로 학부모 공개 수업에 참석하지 못할 경우 왜 엄마아빠가 참석할 수 없는지 아이에게 충분히 설명해 주세요. 그리고 학부모 공개 수업 때 어떤 수업을 했는지 물어보세요. 학부모 공개 수업 때 부모님께서 참석하지 못한 걸 아쉬워할 수 있지만 잘 설명하면 충분히 이해하고 받아들일 것입니다.

월요일
·생활·

점심 시간에 주로 무엇을 하며 보내?

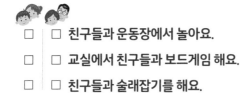

☐ ☐ **친구들과 운동장에서 놀아요.**

☐ ☐ **교실에서 친구들과 보드게임 해요.**

☐ ☐ **친구들과 술래잡기를 해요.**

선생님의 제안

점심 시간은 우리 아이가 기다리는 최고의 시간입니다. 맛있는 밥을 먹고 친구들과 자유롭게 놀 수 있기 때문입니다. 점심 시간에 무엇을 하는지 아는 것만으로도 우리 아이가 학교에서 주로 누구와 지내는지, 밖에서 활동하는지 교실에서 친구들과 모여 노는 걸 좋아하는지 등을 알 수 있습니다.

이렇게 해 볼까?

주말에 가족과 함께 점심 시간에 학교에서 하는 놀이를 해 보는 건 어떨까? 점심 시간에 자주 하는 놀이를 설명해 줘.

한 줄 반짝이는 생각

친구들과 함께

하는 것이 좋아요.

학교에서 가장 좋아하는 시간은 언제야?

- ☐ ☐ 친구와 신나게 놀 수 있는 쉬는 시간이요.
- ☐ ☐ 선생님이 우리를 위해 많은 걸 가르쳐 주는 수업 시간이요.
- ☐ ☐ 친구들과 함께 웃으며 맛있는 밥을 먹는 점심 시간이요.

선생님의 제안

학교에서의 시간은 쉬는 시간, 수업 시간, 점심 시간으로 크게 나눌 수 있습니다. 이 셋 중 한 가지 시간만 좋아해도 즐거운 학교생활이 될 수 있습니다. 우리 아이가 그 시간에 어떤 활동을 해서 좋은지 물어봐 주세요.

이렇게 해 볼까?

학교에서 지내는 시간이 길고 지루하진 않아? 길고 지루한 시간도 선생님과 친구들이 함께 있으면 하나도 지루하지 않을 거야. 엄마아빠에게 학교에서 어떻게 지내고 있는지 설명해 줘.

한 줄 반짝이는 생각

학교에서 가장 행복한 시간은

입니다.

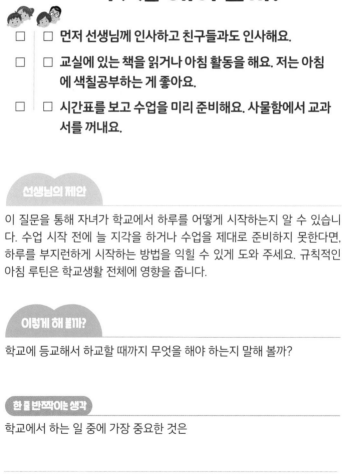

아침에 학교에 도착하면 가장 먼저 무엇을 해야 할까?

□ □ 먼저 선생님께 인사하고 친구들과도 인사해요.

□ □ 교실에 있는 책을 읽거나 아침 활동을 해요. 저는 아침 에 색칠공부하는 게 좋아요.

□ □ 시간표를 보고 수업을 미리 준비해요. 사물함에서 교과 서를 꺼내요.

선생님의 제안

이 질문을 통해 자녀가 학교에서 하루를 어떻게 시작하는지 알 수 있습니다. 수업 시작 전에 늘 지각을 하거나 수업을 제대로 준비하지 못한다면, 하루를 부지런하게 시작하는 방법을 익힐 수 있게 도와 주세요. 규칙적인 아침 루틴은 학교생활 전체에 영향을 줍니다.

이렇게 해 볼까?

학교에 등교해서 하교할 때까지 무엇을 해야 하는지 말해 볼까?

한 줄 반짝이는 생각

학교에서 하는 일 중에 가장 중요한 것은

입니다.

모둠활동을 열심히 안 하는 친구에게 어떤 말을 해 주면 좋을까?

- ☐ ☐ 그만 딴짓 하고 빨리 해야 하는 걸 하라고 말하고 싶어요.
- ☐ ☐ 모둠활동은 함께해야 하는 거라고 말해 줄래요.
- ☐ ☐ "우리 같이 하자. 너의 도움이 필요해."라고 말할래요.

선생님의 제안

모둠활동은 공동체 의식을 기르고, 열심히 참여하는 자세를 기를 기회입니다. 모둠활동에 소극적이거나 관심이 없는 아이들과 있을 때 완벽주의성향이 있거나 의지가 있는 친구들은 스트레스를 받곤 합니다. 이런 갈등 상황에서 자기 만족감을 느낄 수 없을 때 슬기롭게 해결하는 방법을 알려줘야 합니다.

이렇게 해 볼까?

모둠활동을 해 본 적이 있어? 친구들이 모둠활동을 할 때 어떻게 해? 적극적으로 참여하지 않는 친구에게 어떤 말을 했니? 그 친구와 같이 즐겁게 활동하려면 어떻게 해야 할까?

한 줄 반짝이는 생각

같이 활동하기 어려운 친구가 있을 때

⋯⋯⋯

(이)라고 말해요.

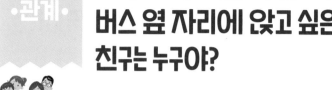

현장체험학습에 갈 때 버스 옆 자리에 앉고 싶은 친구는 누구야?

- ☐ ☐ 제일 친한 친구와 앉고 싶어요.
- ☐ ☐ 같이 앉고 싶은 친구가 없어요.
- ☐ ☐ 저는 누가 앉아도 다 재미있을 것 같아요. 아무나 괜찮아요.

선생님의 제안

특정 친구 이름을 이야기하는 경우 요즘 우리 아이가 가장 마음을 터놓고 가까운 사이를 유지하고 싶은 친구인 경우가 많습니다. 현장체험학습에 대한 대화를 하면서 동시에 최근 우리 아이의 교우관계를 확인해 볼 수 있습니다.

이렇게 해 볼까?

현장체험학습 갈 때 버스에서 어떻게 앉기로 했어? 네가 친한 친구와 앉지 못하게 되면 어떨까? 친한 친구와 현장체험학습에서 같이 하고 싶은 일이 있니?

한 줄 반짝이는 생각

내 버스 짝꿍은

이/가 되었으면 좋겠어요.

글씨가 엉망인 우리 아이 잡아주기

우리 아이가 써 온 알림장 글씨를 도저히 알아볼 수가 없어서 학급 SNS에 올라온 알림장을 확인한 적이 있으신가요? 학교에서도 독서 기록장이나 수행평가지를 확인할 때마다 글씨를 읽기 어려워 난감할 때가 있습니다. 문제는 아이들조차 자신이 쓴 글을 제대로 읽지 못할 때가 있다는 것입니다. 분명 자기가 쓴 글씨인데도 한 글자 한 글자 더듬더듬 읽고는 합니다.

먼저 우리 아이의 공책을 펼쳐보세요. 문장 단위를 써야 하는 국어 교과서도 좋습니다. 주어진 칸에 비해 글씨가 너무 크거나 작지 않은지, 또 글씨가 너무 흐리지 않은지 확인해 보세요. 때로는 받침이 있는 글자를 쓸 때 받침의 크기가 지나치게 크거나 작아서 알아보기 힘든 경우도 있습니다.

글씨에는 한글뿐만 아니라 알파벳과 숫자도 포함됩니다. 글씨는 의사소통을 위한 것인데 숫자 쓰기도 무너져서 이것이 2인지 3인지 알아보기 힘들기도 합니다. 고학년이 될수록 글씨 쓰기 습관을 교정하는 것은 점점 더 어려워지므로, 늦지 않은 시기에 글씨를 교정할 필요가 있습니다.

글씨는 천천히 써야 합니다. 글씨가 엉망인 아이들은 대부분 급하게 씁니다. 머릿속에 떠오른 내용을 생각의 속도와 비슷하게 써 버리려 하니 급할 수밖에 없습니다. 손은 당연히 생각보다 느립니다. 천천히 쓰게 해 주세요. 그리고 좋아하는 글을 쓰며 연습하면 좋습니다. 좋아하는 노래 가사나 친구에게 편지 쓰기 등의 활동을 추천합니다. 그리고 부모님과 함께 쓰는 것도 효과적입니다. 부모님이 손 글씨로 글을 쓰고 자녀가 함께 따라 쓰는 것입니다. 일방적으로 "알림장 다시 써!"라고 지적하는 것은 좋은 방법이 아닙니다.

엄마아빠와 함께 먹고 싶은 음식이 있어?

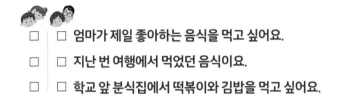

- ☐ ☐ **엄마가 제일 좋아하는 음식을 먹고 싶어요.**
- ☐ ☐ **지난 번 여행에서 먹었던 음식이요.**
- ☐ ☐ **학교 앞 분식집에서 떡볶이와 김밥을 먹고 싶어요.**

선생님의 제안

때로는 어떤 음식을 먹느냐보다 누구와 먹느냐가 더 중요할 수 있습니다. 아이가 힘이 없고 울적해 보일 때 엄마아빠와 함께 먹고 싶은 음식을 물어보세요. 학교 앞에서 파는 간식부터 분식까지 어떤 것이든 좋으니 함께 먹으러 가는 시간을 통해 아이에게 소소하지만 행복한 경험을 선물해 주세요.

이렇게 해 볼까?

내가 좋아하는 음식을 내가 좋아하는 사람과 함께 먹는다는 건 정말 행복한 일이야. 오늘 엄마아빠와 함께 먹고 싶은 음식을 먹어 보면 어떨까?

한 줄 반짝이는 생각

전 엄마아빠와

먹을 때 제일 행복해요.

너는 엄마아빠의 어떤 모습을 가장 닮은 것 같아?

- ☐ ☐ 똑같이 생긴 것 같아요!
- ☐ ☐ 엄마는 꼼꼼하잖아요. 저도 그런 성격을 닮은 것 같아요.
- ☐ ☐ 저는 아빠와 자주 쓰는 말이 똑 닮은 것 같아요.

선생님의 제안

이 질문은 아이와 끈끈한 애착관계를 만들고 싶을 때 시작 질문으로 활용할 수 있습니다. 엄마아빠와 나를 함께 관찰해 보며 그간 살피기 어려웠던 서로의 모습을 바라보고, 서로 닮은 점을 찾으며 애착관계를 형성할 수 있습니다.

이렇게 해 볼까?

엄마아빠와 너의 어떤 모습이 닮았다고 생각한 적이 있니? 어떤 점이 비슷한 것 같은지 이야기해 주면 엄마아빠는 정말 기분이 좋을 것 같아.

한 줄 반짝이는 생각

엄마아빠와 제가 닮은 점은

입니다.

반에서 글씨를 제일 바르게 쓰는 친구는 누구야?

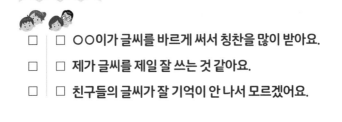

- ☐ ☐ ○○이가 글씨를 바르게 써서 칭찬을 많이 받아요.
- ☐ ☐ 제가 글씨를 제일 잘 쓰는 것 같아요.
- ☐ ☐ 친구들의 글씨가 잘 기억이 안 나서 모르겠어요.

선생님의 제안

아이가 글씨가 바른 친구를 알고 있다는 것은 교실 안에서 여러 친구의 글씨를 한 번씩 살펴봤기 때문입니다. 이는 우리 아이가 글씨 쓰기에 관심을 가졌다는 긍정적 신호이기 때문에 이때 글씨 쓰기 연습을 꾸준히 하는 것이 필요합니다. 만약 아이가 자신의 글씨에 자신감이 없을 경우 집에서 바른 연필잡기, 좋아하는 단어 쓰기 등 엄마아빠와 함께 즐겁게 연습할 수 있도록 다양하게 시도해 볼 필요가 있습니다.

이렇게 해 볼까?

글씨를 잘 쓰는 친구에게 그 비결을 물어보는 것은 어때? 아니면 글씨를 잘 쓰는 나만의 방법을 친구에게 소개해 주며 친구와 더 가까워져 보자.

한 줄 반짝이는 생각

친구야,

이/가 궁금해. 나에게도 알려줄래?

가족과 함께하고 싶은 운동은 뭐야?

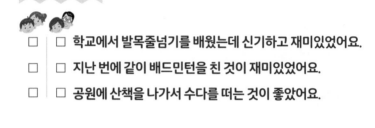

- ☐ ☐ 학교에서 발목줄넘기를 배웠는데 신기하고 재미있었어요.
- ☐ ☐ 지난 번에 같이 배드민턴을 친 것이 재미있었어요.
- ☐ ☐ 공원에 산책을 나가서 수다를 떠는 것이 좋았어요.

선생님의 제안

가족과 함께 운동을 하면 건강한 생활습관을 형성하는 동시에 가족 간의 유대감을 강화할 수 있습니다. 아이와 함께하고 싶은 운동을 찾아보세요. 하고 싶은 운동이 없다면 공놀이, 달리기 내기와 같이 재미있는 요소를 포함하거나 산책, 스트레칭 등 쉬운 운동부터 시작해 보는 것도 좋습니다.

이렇게 해 볼까?

가족과 함께 운동을 하면 학교에서 친구들과 함께 하는 것과는 또 다른 재미가 있단다. 이번 주말에는 가족과 간단한 운동에 도전해 볼까?

한 뼘 반짝이는 생각

저는 가족들과 함께

을/를 하고 싶어요.

요즘 친구들이 자주 보는 영상은 뭐야?

- □ | □ 만화를 많이 보는 것 같아요.
- □ | □ 게임하는 영상을 많이 봐요.
- □ | □ 좋아하는 연예인이 춤추는 영상을 많이 봐요.

선생님의 제안

함께 시청한 영상에 대한 생각을 서로 공유하는 과정에서 아이와의 공감대가 형성될 수 있습니다. 영상매체를 무조건적으로 제한하기보다는 어떤 영상을 보고 있는지를 확인하는 것이 중요합니다. 너무 자극적인 영상이나 연령에 맞지 않는 영상이 아닌지 확인하고, 부모님이 생각하는 좋은 영상을 함께 시청하는 것이 필요합니다.

이렇게 해 볼까?

너는 어떤 영상을 볼 때 푹 빠져드는 것 같아? 친구들은 어떤 영상을 많이 보는지 알고 있니? 엄마아빠에게 소개해 줄 수 있어?

한 줄 반짝이는 생각

요즘 저랑 친구들은

영상을 많이 봐요.

아이가 욕설과 비속어를 사용해요

평소처럼 거실에 앉아서 대화를 하는데 아이의 입에서 갑자기 욕설이 툭 튀어나와 놀란 경험이 있으신가요?

집에서 엄마아빠가 욕을 쓴 적이 없는데 '학교에서 친구들한테 배운 건가?', '학원에서 배운 건가?' 염려가 생길 수 있습니다. 아이들 앞에서는 냉수 한 잔도 편하게 못 마신다는 말처럼 초등 저학년 시기는 오감을 활용해 주변의 모든 정보를 빠르게 흡수하는 때입니다. 대신 받아들인 정보를 분별하는 능력은 미숙하기 때문에 주변에서 관찰한 모습을 자신의 판단 없이 그대로 모방하는 시기이기도 합니다.

욕설과 비속어는 어딘가에서 들었기 때문에 사용하는 것입니다. 많은 경우 게임이나 영상 매체를 통해 접하게 됩니다. 미디어에 노출되기 쉬운 시대의 흐름상 아예 멀리할 수는 없습니다.

그렇기 때문에 필요한 것은 분별하는 능력입니다. 욕을 아예 사용하지 않고, 접하지도 않는 환경을 만들어 주기란 어렵습니다. 하지만 친구에게 욕설을 듣거나 비속어를 사용하더라도 욕설과 비속어를 사용해서는 안 되는 것임을 알려주세요. 그리고 욕설과 비속어 사용을 줄이거나 그만해야 하는 이유도 분명히 이해하고 있어야 합니다. 특히 뜻을 모르고 욕설과 비속어를 사용하는 경우가 많기 때문에 고학년의 경우 의미를 알려주시는 것도 효과적입니다.

마찬가지로 연령에 맞지 않는 영화나 드라마, 게임은 자제하는 것을 추천합니다. 전체이용가의 다음 등급은 12세 이용가입니다. '12세 이용가 정도는 괜찮지 않을까?' 생각하실 수 있지만 만 12세라면 초등학교 6학년은 되어야 합니다. 인기 영화라고 해서 12세 이용가 영화를 보러 저학년인 우리 아이를 데리고 갔다가 당황한 경험을 떠올려보세요. 그만큼 주의가 필요합니다.

점심 시간에 먹은 음식 중 기억에 남는 것이 있어?

- ☐ ☐ 채소를 안 좋아하는데 비빔밥이 너무 맛있었어요.
- ☐ ☐ 친구들과 후르륵 소리내면서 먹은 국수요.
- ☐ ☐ 급식실 치킨이 배달 치킨보다 맛있었어요.

선생님의 제안

가정에서는 잘 안 먹던 반찬도 학교에서는 잘 먹는 경우가 있습니다. 점심 시간에 좋아하는 음식이 나오면 더 달라고 이야기하는 아이들이 있습니다. 또 매운 음식도 잘 먹는다고 자랑하는 아이도 있고요. 우리 아이가 점심시간에 먹은 음식 중 어떤 걸 좋아했는지 물어보세요.

이렇게 해 볼까?

집에서는 잘 안 먹었는데 친구들과 함께 점심 먹을 때 잘 먹은 음식이 있어? 엄마아빠에게 한 번 자랑해 보면 어떨까?

한 줄 반짝이는 생각

엄마아빠, 나 이제

도 잘 먹어요.

오늘 학교에서 한 일 중에 가장 어려웠던 것은 뭐야?

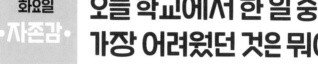

☐ ☐ 끝까지 꼼꼼하게 색칠해서 작품을 완성하는 게 어려웠어요.

☐ ☐ 친구와 싸웠는데 사과하기 어려웠어요.

☐ ☐ 점심 시간에 맛없는 반찬이 나와서 먹기 어려웠어요.

선생님의 제안

보통 아이들은 어려운 일을 떠올리면 스트레스를 받게 됩니다. 그러나 어려운 일을 떠올리는 것에서 끝나지 않고 이를 어떻게 해결하면 좋을지 함께 이야기를 나누면 아이가 앞으로 비슷한 문제를 만났을 때 당황하지 않고 스스로 문제를 해결할 수 있는 힘을 기를 수 있습니다. 아이가 문제에 대처하기 위해 노력했다면 칭찬과 격려로 아이의 행동을 강화할 수 있습니다.

이렇게 해 볼까?

어려운 일이 생겼을 때 어떻게 해결하려고 노력했니? 어려워도 하나씩 도전해 보면 분명 해결할 수 있을 거야.

한 줄 반짝이는 생각

다음에 또 어려운 일이 생기면

해 볼래요.

너를 닮은 동물은 무엇인 것 같아?

- ☐ ☐ 저는 키가 크니까 기린을 닮은 것 같아요.
- ☐ ☐ 저는 달리기가 빠른 치타를 닮은 것 같아요.
- ☐ ☐ 저는 토끼를 좋아해요. 토끼를 닮고 싶어요.

선생님의 제안

자신을 동물에 비유하는 활동으로 자신의 성격이나 강점, 약점 등에 대해 고민해 볼 수 있습니다. 또 자신만의 고유한 특성을 발견하는 등 건강한 자아상을 형성할 수 있습니다. 닮은 동물을 찾기 어려워한다면 좋아하는 동물을 찾아보고, 아이와의 공통점을 찾는 활동으로 연결 지을 수 있습니다.

이렇게 해 볼까?

너는 어떤 동물을 닮은 것 같아? 너의 생김새나 잘하는 점을 떠올려 봐!

한 줄 반짝이는 생각

저는

을/를 닮았어요.

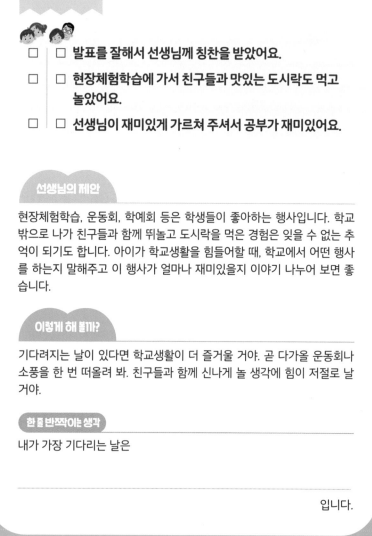

목요일

•생활•

최근에 학교에서 가장 기쁜 일은 무엇이었어?

- ☐ ☐ 발표를 잘해서 선생님께 칭찬을 받았어요.
- ☐ ☐ 현장체험학습에 가서 친구들과 맛있는 도시락도 먹고 놀았어요.
- ☐ ☐ 선생님이 재미있게 가르쳐 주셔서 공부가 재미있어요.

선생님의 제안

현장체험학습, 운동회, 학예회 등은 학생들이 좋아하는 행사입니다. 학교 밖으로 나가 친구들과 함께 뛰놀고 도시락을 먹은 경험은 잊을 수 없는 추억이 되기도 합니다. 아이가 학교생활을 힘들어할 때, 학교에서 어떤 행사를 하는지 말해주고 이 행사가 얼마나 재미있을지 이야기 나누어 보면 좋습니다.

이렇게 해 볼까?

기다려지는 날이 있다면 학교생활이 더 즐거울 거야. 곧 다가올 운동회나 소풍을 한 번 떠올려 봐. 친구들과 함께 신나게 놀 생각에 힘이 저절로 날 거야.

한 줄 반짝이는 생각

내가 가장 기다리는 날은

입니다.

금요일 ·관계·
네 짝꿍의 장점을 뽑는다면 무엇이 있을까?

- ☐ ☐ **착하고 예뻐서 친해지고 싶어요.**
- ☐ ☐ **글씨를 잘 쓰고 남을 잘 도와줘서 고마울 때가 많아요.**
- ☐ ☐ **친구가 힘들 때 먼저 다가가서 말을 걸어줘요.**

선생님의 제안

짝꿍의 장점을 찾는 질문을 통해 가까운 친구와는 더 가까워지고, 소원한 친구에게서는 의외의 좋은 점을 발견할 수 있습니다. 발견한 장점을 엄마 아빠에게 이야기함으로써 친밀감을 형성할 뿐 아니라 교우 관계에도 도움이 될 수 있습니다.

이렇게 해 볼까?

짝꿍의 멋진 모습을 구체적으로 떠올려 보자. 잘 떠오르지 않는다면 오늘부터 짝꿍을 잘 관찰해 봐! 분명 새로운 모습이 보일 거야.

한 줄 반짝이는 생각

나에게 있어 짝꿍이란

입니다.

수학 선행학습에는 장단점이 있습니다

초등학교 입학 전 많은 학생이 학습지, 가정학습, 학원 등을 통해 초등학교 1~2학년 수준의 공부를 하고 학교에 오는 경우가 있습니다. 수학을 선행한 학생의 장단점은 다음과 같습니다.

장점
1. 선생님이 수업하는 내용을 빠르게 이해할 수 있습니다.
2. 수업에 적극적으로 참여할 수 있습니다(예: 발표, 수학익힘책 풀이, 잘 모르는 친구 수학공부 도와주기 등).
3. 이미 학습한 내용을 학교에서 한 번 더 학습하기 때문에 개념을 정교화할 수 있습니다.

단점
1. 수업이 지루하게 느껴질 수 있습니다. 이미 알고 있는 걸 선생님이 설명한다고 생각하기 때문에 수업에 집중하지 않고 그림을 그리는 등 딴짓을 합니다.
2. 선생님은 수학 교과서 32쪽을 하고 있는데 혼자 수학익힘책을 먼저 푸는 등의 행동을 할 수 있습니다.
3. 선생님이 가르쳐주는 내용을 이해하려고 노력하지 않습니다.

우리 아이가 반복학습, 이미 알고 있는 걸 또 다시 학습하는 걸 좋아하지 않는다면 선행학습을 하지 않는 것이 좋습니다.저학년 시기는 집중력과 인내심이 낮기 때문에, 선행학습을 하는 경우 수업시간에 꼭 집중해서 참여해야 함을 인지시켜야 합니다.

저학년 수학 학습에서 가장 중요한 것은 우리 아이가 수학의 흥미를 잃지 않게 만드는 것입니다. 문제만 풀기보다는 수학 교구를 조작하며 수학 개념을 익힐 수 있는 기회를 제공해 주세요.

월요일 •생활• 담임선생님의 어떤 점이 좋아?

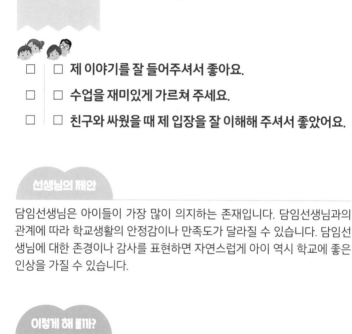

- ☐ ☐ 제 이야기를 잘 들어주셔서 좋아요.
- ☐ ☐ 수업을 재미있게 가르쳐 주세요.
- ☐ ☐ 친구와 싸웠을 때 제 입장을 잘 이해해 주셔서 좋았어요.

선생님의 제안

담임선생님은 아이들이 가장 많이 의지하는 존재입니다. 담임선생님과의 관계에 따라 학교생활의 안정감이나 만족도가 달라질 수 있습니다. 담임선생님에 대한 존경이나 감사를 표현하면 자연스럽게 아이 역시 학교에 좋은 인상을 가질 수 있습니다.

이렇게 해 볼까?

담임선생님의 좋은 점이 이렇게나 많았구나. 좋은 선생님과 함께 학교생활을 해서 참 즐겁겠다. 담임선생님께 내일 감사하다는 이야기를 해볼까?

한 줄 반짝이는 생각

우리 담임 선생님은

해서 좋아요.

오늘 학교에서 배운 내용을 선생님처럼 설명해 줄 수 있니?

☐ ☐ 수학문제 푸는 방법을 설명할게요.

☐ ☐ 선생님이랑 공으로 게임했는데 그 방법을 알려 드릴게요.

☐ ☐ 우리 학교에 피는 꽃의 이름을 알려 드릴게요.

선생님의 제안

자신이 직접 설명해 보면 어느 부분이 어려운지, 무엇을 모르는지 확인할 수 있습니다. 아이가 설명할 때는 학생처럼 대답해 주시고 반응해 주시는 것이 좋습니다. 아이가 좀 더 구체적으로 이야기해 볼 수 있는 발판이 되기 때문입니다. 또 일부러 모르는 척 질문해 주시는 것도 때때로 필요합니다.

이렇게 해 볼까?

요즘 학교에서 뭐 배우고 있어? 선생님처럼 엄마아빠한테 설명해 줄 수 있니?

한 줄 반짝이는 생각

학교에서

을/를 배웠어요.

하루 중 어떤 시간에 숙제하는 것이 가장 좋은 것 같아?

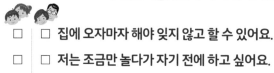

□ □ 집에 오자마자 해야 잊지 않고 할 수 있어요.

□ □ 저는 조금만 놀다가 자기 전에 하고 싶어요.

□ □ 아침에 학교에 가기 전에 하고 싶어요.

선생님의 제안

학교 숙제를 스스로 하는 것은 자기 주도적 학습 능력을 기르는 데 가장 기본이 되는 습관입니다. 아직은 숙제가 많지 않더라도 스스로 시간을 정해 숙제를 할 수 있는 습관을 기를 수 있도록 해 보세요. 숙제 시간을 스스로 정하는 것은 학습 과정을 이해하고 조절하는 능력, 즉 메타인지를 길러줍니다.

이렇게 해 볼까?

스스로 시간을 정해 숙제를 하는 것은 아주 중요하고 멋진 습관이야. 언제 숙제를 하면 가장 집중이 잘 될지 떠올려 볼까? 학교 가기 전 부랴부랴 끝내는 것은 좋은 습관이 아니야. 아주 작은 일이라도 항상 정해진 때에 완성하는 노력을 기울여 보자.

한 줄 반짝이는 생각

나는

시간에 숙제를 하고 싶어요.

목요일

•생활•

학교에서 주변 공간을 깨끗하게 하기 위해 어떤 일들을 해야 할까?

- ☐ ☐ 자리 밑을 쓸어요.
- ☐ ☐ 책상서랍에 교과서만 두어요.
- ☐ ☐ 교실에서 사용한 물건을 제자리에 둬요.

선생님의 제안

정리정돈은 기본적인 생활습관이자 아이 성장발달에 중요한 요소입니다. 스스로 자기 공간을 잘 관리하고 있는지 확인해 보세요. 아이들은 흔히 자기 자리를 잘 청소하고 있다고 자동적으로 이야기하는 경우가 많기 때문에, 어떻게 정리정돈하고 청소하고 있는지 구체적인 질문을 통해 확인하는 것이 좋습니다. 질문을 통해 자리 정돈의 필요성을 안내하는 것도 좋습니다.

이렇게 해 볼까?

정리를 깨끗하게 하는 이유는 무엇일까? 사물함이나 책상 서랍을 정리하는 너만의 방법이 있다면 설명해 줘.

한 줄 반짝이는 생각

나와 주위를 깨끗하게 하기 위해서는

을/를 해야 해요.

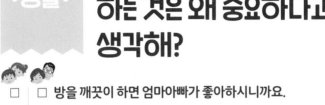

내 방을 깨끗하게 하는 것은 왜 중요하다고 생각해?

- ☐ ☐ 방을 깨끗이 하면 엄마아빠가 좋아하시니까요.
- ☐ ☐ 제 방이니까 스스로 치울 줄 알아야 해요.
- ☐ ☐ 방이 너무 어질러져 있어서 물건을 찾지 못한 적이 있어요.

선생님의 제안

방 청소를 하면 청결한 생활을 할 수 있을 뿐 아니라 스스로 자신의 공간을 관리하는 자기관리능력을 키울 수 있습니다. 청소를 하라는 잔소리보다는 스스로 방 청소를 해야 하는 이유를 찾아서 이야기할 수 있도록 해 보세요. 처음부터 완벽하게 청소하기를 바라기보다는 작은 물건이라도 정해진 자리에 두는 것부터 연습하는 것이 좋습니다.

이렇게 해 볼까?

초등학생이 되었으면 내가 어지른 물건은 스스로 치울 수 있어야 해. 누웠던 이부자리를 바르게 개거나 사용한 물건을 제자리에 놓는 연습부터 차근차근 함께해 보자.

한 줄 반짝이는 생각

방이 깨끗하면

해서 좋아요.

자주 연습하면 좋은 활동

초등학교에 입학하면 하는 많은 활동 중 하나가 그림 그리기, 색칠하기, 종이접기, 가위로 오리고 풀로 붙이기 활동입니다. 어린이집, 유치원 등에서 이미 해본 활동이지만 초등학교에서도 자주 하는 활동입니다.

그림 그리기는 국어, 통합교과, 수학, 창의적 체험활동 등 많은 교과에서 활용하는 수업 방법 중 하나입니다. 그림을 그릴 때 빠지지 않는 소재가 사람입니다. 아이마다 사람을 그리는 방법이 다양합니다. 사람을 잘 그리는 것도 좋지만 아이가 사람을 그릴 때 크게 그릴 수 있게 주말을 활용해 연습하면 좋습니다. 한 가지 표정, 한 가지 몸동작만 그리지 말고 다양한 표정, 동작을 그릴 수 있게 해 주세요. 또 남자 아이는 남자만, 여자 아이는 여자만 그리는 경우가 종종 있는데요. 다양한 사람을 그리는 연습도 필요합니다.

색칠을 할 때는 색연필, 사인펜, 크레용 등을 활용합니다. 색을 칠할 때 중요한 것은 꼼꼼하게, 빈틈없이, 스케치한 부분을 넘어가지 않게 색칠하는 것이 좋습니다. 스케치 도안을 출력해 엄마와 함께 색칠하는 연습을 꾸준히 하면 알찬 주말을 보낼 수 있습니다.

종이접기와 종이 오리고 붙이기 활동은 아이들이 좋아하는 활동 중 하나입니다. 종이접기의 경우 선생님이 충분히 지도해도 반듯하게 접는 것이 잘 안 되는 아이들이 있습니다. 반듯하게 접지 못하면 순서대로 따라 접어도 완성했을 때 모양이 흐트러집니다. 소근육 발달을 위해 연습해 보는 것이 필요합니다. 종이 오리기의 경우 안전과 관련 있기 때문에 가위질을 할 때 주의해야 할 것들을 가르쳐야 합니다. 종이에 풀칠할 때 어느 정도 칠해야 잘 붙는지 어떻게 풀칠을 해야 하는지도 알려주세요.

스스로 할 수 있는 가정일이 있을까?

- ☐ ☐ **방 청소는 이제 스스로 할 수 있어요.**
- ☐ ☐ **우리 가족 신발을 신발장에 가지런히 정리할 수 있어요.**
- ☐ ☐ **내가 사용한 숟가락과 젓가락, 그릇을 정리해요.**

선생님의 제안

가정에서 어떠한 역할을 맡는다는 것은 책임감을 가질 수 있는 좋은 방법입니다. 학교에서 1인 1역 활동을 하듯 가정에서도 가정일 중 가능한 것을 나누어 맡을 수 있게 해 주세요. 변화를 좋아하는 성향이라면 주기적으로 다른 가정일을 할 수 있도록 바꾸어 보세요.

이렇게 해 볼까?

학교에서 1인 1역 활동 해본 적 있어? 이번 주에는 우리 가족의 한 사람으로 집에서 역할 한 가지를 맡아서 해 보자. 우리 가족과 집을 위해서 네가 스스로 할 수 있는 것을 말해 줄래?

한 줄 반짝이는 생각

내가 우리 가족을 위해 가장 잘할 수 있는 일은

입니다.

오늘 하루 중 가장 행복한 때는 언제였어?

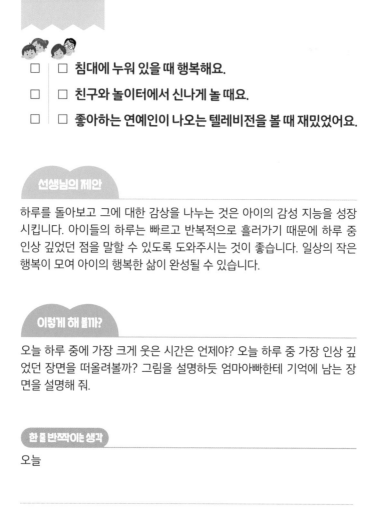

- ☐ ☐ **침대에 누워 있을 때 행복해요.**
- ☐ ☐ **친구와 놀이터에서 신나게 놀 때요.**
- ☐ ☐ **좋아하는 연예인이 나오는 텔레비전을 볼 때 재밌었어요.**

선생님의 제안

하루를 돌아보고 그에 대한 감상을 나누는 것은 아이의 감성 지능을 성장시킵니다. 아이들의 하루는 빠르고 반복적으로 흘러가기 때문에 하루 중 인상 깊었던 점을 말할 수 있도록 도와주시는 것이 좋습니다. 일상의 작은 행복이 모여 아이의 행복한 삶이 완성될 수 있습니다.

이렇게 해 볼까?

오늘 하루 중에 가장 크게 웃은 시간은 언제야? 오늘 하루 중 가장 인상 깊었던 장면을 떠올려볼까? 그림을 설명하듯 엄마아빠한테 기억에 남는 장면을 설명해 줘.

한 줄 반짝이는 생각

오늘

할 때 가장 행복했어요.

칭찬을 받으면 뭐라고 대답해?

- ☐ ☐ **기분이 너무 좋아서 "감사합니다."라고 대답해요.**
- ☐ ☐ **기분이 좋기는 한데 쑥스러워서 뭐라고 해야 할지 모르겠어요.**
- ☐ ☐ **저도 모르게 "아닌데요.", "잘 못하는데요."라고 대답하게 돼요.**

선생님의 제안

칭찬을 받으면 수줍어하거나 과하게 이를 부정하는 아이가 있습니다. 평소 자신감을 키울 수 있도록 도와주세요. "스스로 가방을 정리하다니 정말 자랑스러워." 등과 같이 구체적으로 칭찬해 주는 것이 좋습니다. 또 아이와 칭찬을 주고받으며 "고맙습니다." 대답하는 연습을 하는 것도 도움이 됩니다.

이렇게 해 볼까?

오늘 네가 엄마를 도와줘서 정말 큰 도움이 됐어. 정말 든든하고 자랑스럽구나! 다음에도 엄마를 도와줄 수 있겠어?

한 줄 반짝이는 생각

앞으로는 칭찬을 받으면

라고 대답해 볼래요.

하루 종일 게임을 할 수 있다면 어떨 것 같아?

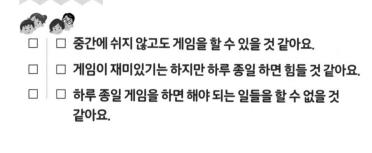

- ☐ ☐ 중간에 쉬지 않고도 게임을 할 수 있을 것 같아요.
- ☐ ☐ 게임이 재미있기는 하지만 하루 종일 하면 힘들 것 같아요.
- ☐ ☐ 하루 종일 게임을 하면 해야 되는 일들을 할 수 없을 것 같아요.

선생님의 제안

모바일이나 PC 게임을 자주 하는 아이가 아니라고 해도 친구들을 통해 게임을 접하기 시작하는 시기입니다. 대화를 통해 게임에 대한 욕구와 관심 정도를 파악할 수 있습니다. 게임이 무조건 나쁘다고는 할 수 없지만, 이외의 활동을 다양하게 경험할 수 있는 기회를 부모님이 제공해 주셔야 합니다.

이렇게 해 볼까?

게임만큼 재미있는 일들이 뭐가 있는지 생각해 볼까? 때로는 혼자서 하는 게임보다 여럿이서 하는 활동이 더 재미있을 수 있단다.

한 줄 반짝이는 생각

다양한 활동 중에 내가 해 보고 싶은 활동은

입니다.

가족과 보내는 시간 중 가장 좋아하는 시간은 언제야?

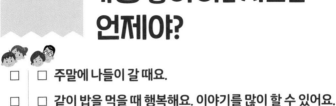

- □ □ **주말에 나들이 갈 때요.**
- □ □ **같이 밥을 먹을 때 행복해요. 이야기를 많이 할 수 있어요.**
- □ □ **같이 운동할 때가 좋아요.**

선생님의 제안

부모와의 시간을 통해 서로의 소중함을 느끼고 가족관계를 탄탄히 할 수 있습니다. 아이가 어떤 활동을 할 때 부모의 사랑을 느끼고 가족 간의 사랑을 느낄 수 있는지 물어봐 주세요. 가족과 함께하는 시간의 소중함을 이야기해 보는 것은 아이의 정서 안정에도 도움이 됩니다.

이렇게 해 볼까?

지난 주말에 엄마아빠와 했던 일이 기억 나니? 어떤 것이 가장 즐거웠니? 그 시간이 행복한 이유를 말해 줄래?

한 줄 반짝이는 생각

엄마아빠와

하는 시간이 가장 좋아요.

학교 홈페이지와
알림장 알림 서비스 활용하기

학교에 입학하면 아이들이 접하게 되는 중요한 도구 중 하나가 알림장입니다. 지역, 학교마다 차이는 있습니다만 알림장 내용을 하이클래스, 밴드 등을 활용해 부모님께 알려주는 온라인 시스템을 활용하고 있기도 합니다. 이 시스템을 활용함으로써 아이들이 직접 쓰지 않아도 부모님이 쉽게 알림장 내용을 확인할 수 있습니다.

학교 홈페이지와 알림장 알림 서비스를 활용하는 방법을 몇 가지 소개하겠습니다.

1. 하루에 한 번 학교 알림장 서비스에 접속해 알림장 내용을 꼭 확인해야 합니다. 알림장에 올라온 내용과 준비물, 숙제 등을 확인해야 합니다. 저학년의 경우 숙제가 무엇인지, 준비물이 무엇인지 금방 잊고 엄마에게 전달하지 않는 경우가 종종 있습니다.

2. 학교 홈페이지에 직접 방문해 공지사항, 가정통신문에 올라온 학교 소식, 각종 신청서, 대회 소식 등을 확인하는 것이 좋습니다. 학교에서 종이 출력물로 가정통신문을 보내는 경우도 있지만 최근에는 종이 사용을 줄이기 위해 홈페이지에만 올리기도 합니다. 하루에 한 번 학교 홈페이지에 방문해 정보를 확인하고 우리 아이에게 도움이 되는 대회나 체험학습을 신청하시길 추천합니다.

매일 방문하는 것이 번거로울 수 있지만 아이와의 공감대 형성에도 큰 도움이 되기 때문에 하루에 한 번이라도 학교 홈페이지나 알림 서비스에 접속해 우리 아이에게 필요한 정보를 확인하는 걸 추천합니다.

엄마아빠가 너에게 가장 자주 하는 말이 뭐야?

- ☐ ☐ "방 정리해야지!"
- ☐ ☐ "골고루 먹어라"
- ☐ ☐ "숙제 다했니?"

선생님의 제안

부모가 아이에게 하는 잔소리를 파악하는 것은 아이의 심리적 상태와 부모와 아이의 상호작용을 이해하는 데 중요합니다. 이를 통해 부모와 자녀 간의 소통을 개선하고, 아이의 정서적 발달과 자존감을 지킬 수 있는 방법을 생각할 수 있습니다. 특히 부모의 평소 언어 습관이 아이에게 좋은 영향을 미치고 있는지 되돌아 보는 계기가 되기도 합니다.

이렇게 해 볼까?

요즘 엄마아빠가 네게 어떤 말을 자주하는 것 같아? 그 말을 들을 때 기분이 어때? 엄마아빠가 어떻게 말해 줬으면 좋겠어?

한 줄 반짝이는 생각

엄마아빠! 앞으로

(이)라고 말해 주세요.

엄마아빠가 하는 잔소리 중에 뭐가 제일 듣기 싫어?

- ☐ ☐ **아침마다 더 빨리 일어나라고 하는 잔소리요.**
- ☐ ☐ **밥을 골고루 먹으라는 잔소리가 가장 많아요.**
- ☐ ☐ **동생에게 양보하라는 잔소리가 제일 싫어요.**

선생님의 제안

아이의 이야기를 들으며 내가 평소에 어떤 잔소리를 많이 했는지, 그것이 아이에게 어떤 부담으로 느껴졌는지 이해하는 시간을 가지면 좋습니다. 잔소리가 관심의 표현이라는 것을 알려주기 위해서는 먼저 자녀가 잔소리를 부담스럽게 느낄 수 있다는 것에 공감해야 합니다.

이렇게 해 볼까?

어떤 잔소리가 가장 기억에 남니? 그 잔소리를 들었을 때 기분이 어땠어? 잔소리를 하는 엄마아빠의 기분은 어떨까? 잔소리를 듣기 전에 어떻게 하면 좋을까?

한 줄 반짝이는 생각

저는

(이)라는 잔소리가 가장 듣기 싫어요.

수요일
•관계•
주말에 학교에 가지 않을 때 무엇을 하면 좋을까?

- ☐ ☐ 밖에서 친구들과 놀고 싶어요.
- ☐ ☐ 집에서 혼자 색칠공부를 하고 싶어요.
- ☐ ☐ 엄마아빠와 놀러가고 싶어요.

선생님의 제안

자녀가 주말마다 친구들과 밖에서 노는 것을 걱정하는 부모님도 계시지만 반대로 집에만 있는 것을 걱정하는 분도 있습니다. 아이의 성향에 따라 집 안팎에서 활동하는 것에 대한 선호도가 다를 수밖에 없습니다. 혹시 자녀가 주말에 친구들과 놀고 싶은데 부모님께 말을 못하고 있는 것은 아닌지 확인해 보세요. 또, 집에 있기를 좋아하는 친구라면 바깥 활동을 과도하게 요구하고 있지 않은지 생각해 보세요.

이렇게 해 볼까?

이번 주말을 어떻게 보낼지 스스로 정해 볼래? 어떤 시간을 보내게 될지 엄마아빠도 기대가 돼!

한 줄 반짝이는 생각

이번 주말에는 엄마아빠와

할래요.

목요일 •관계•

친구가 화나거나 슬플 때 무엇을 보고 알 수 있을까?

- ☐ | ☐ 친구의 얼굴을 보면 알 수 있어요.
- ☐ | ☐ 친구가 말하는 걸 들으면 화가 났는지, 슬픈지 알 수 있어요.
- ☐ | ☐ 친구가 화난 줄 모르고 놀렸다가 싸웠어요.

선생님의 제안

타인의 감정을 살피는 것은 친구와 좋은 관계를 유지하는 데 꼭 필요한 사회적 기술입니다. 만약 친구의 마음을 알기 어려워한다면 친구의 표정이나 상황, 기분을 살피는 방법을 먼저 알려 주세요.

이렇게 해 볼까?

친구의 얼굴 표정을 잘 살펴보면 친구의 마음을 알 수 있어. 또 친구의 이야기를 잘 들어주는 게 중요해.

한 줄 반짝이는 생각

친구의 마음을 이해하기 위해서는

해야 해요.

규칙을 어기는 친구를 보면 어떤 마음이 들어?

- ☐ ☐ 왜 규칙을 어기는지 이해가 안 되고 답답해요.
- ☐ ☐ 친구가 규칙을 어기면 선생님께 같이 혼나서 기분이 나빠요.
- ☐ ☐ 친구에게 규칙을 어기면 안 된다고 큰소리로 말하고 싶어요.

선생님의 제안

간혹 학교 규칙을 지키지 않는 친구를 답답하게 여기거나, 선생님이 된 듯 "하지 마."라고 외치는 아이가 있습니다. 바른 생활을 하고 친구를 도와주려는 행동은 바람직하지만, 이 과정에서 친구에게 강압적으로 말하면 친구의 마음이 속상해집니다. 친구가 규칙을 어겼을 때는 선생님께 도움을 청하도록 알려주세요.

이렇게 해 볼까?

친구가 규칙을 지키지 않아 답답했구나. 사람마다 마음이 크는 속도가 조금씩 다르단다. 친구가 규칙을 잘 지킬 수 있도록 옆에서 지켜보고 기다려 줄래?

한 줄 반짝이는 생각

친구야, 규칙을 지키지 않으면

해.

담임선생님과 소통하는 방법

담임선생님과 효과적으로 소통하는 것은 자녀의 학교생활 모습을 살피고, 성장을 지원하는 데 큰 도움이 됩니다. 특히 저학년 시기에는 자신이 겪었던 경험을 자기중심적으로 설명하거나, 힘든 일이나 도움이 필요한 일을 분명히 이야기하기 어려울 수 있기에 담임선생님과 소통하는 것이 매우 중요합니다. 그렇다면 담임선생님과 어떻게 소통할 수 있을까요?

1. 학교에서는 수시로 또는 정기적으로 상담을 진행하고 있습니다. 이 시간을 이용해서 담임선생님께 궁금한 점을 물어보고 우리 아이의 학교생활 모습이 어떤지 알아볼 수 있습니다.

2. 초등학교에는 교실별로 전화기가 배치되어 있습니다. 학교 번호로 전화를 건 후 학급번호를 입력하면 교실로 연결됩니다. 보통 수업을 준비하는 아침활동 시간이나 수업이 진행되는 시간에는 담임선생님이 전화에 응답하기 어려우므로 수업 시간이 끝난 이후에 전화를 하는 것이 좋습니다. 급한 경우 교무실에 전화하여 용건을 남겨둘 수 있습니다.

3. 선생님이 개별 교원안심번호를 안내할 경우 담임선생님께 문자를 보내거나 전화를 할 수 있습니다. 학급에 아이들과 함께 있는 경우 전화응대가 어려울 수 있기 때문에 문자메시지를 남길 수도 있습니다. 전화 상담을 할 때에 바로 전화를 거는 것보다는 안심연락처로 미리 용건에 대해 메시지를 보내 놓으면 보다 효과적인 소통이 가능합니다.

4. 최근에는 e알리미, 하이클래스, 클래스팅 등의 학급 SNS를 통해 학교 알림장이나 학급 활동을 살펴볼 수 있습니다. 온라인 게시판의 톡 기능을 활용하여 중요한 공지를 확인하거나 가정통신문에 대한 회신을 할 수 있습니다.

누군가에게 너의 비밀을 말해 본 적 있어?

- ☐ ☐ 제일 친한 친구한테 한 번 말해 본 적 있어요.
- ☐ ☐ 아직 아무한테도 비밀을 말한 적이 없어요.
- ☐ ☐ 비밀이 없어서 말하지 못했어요.

선생님의 제안

저학년 시기에 비밀을 만드는 것은 아주 자연스러운 일입니다. 다만 사소한 비밀이 아니라 큰 고민이거나 어른의 도움이 필요한 것이라면 적절한 때에 알아차리고 도움을 주는 것이 무척 중요합니다. 속마음을 적절한 상대에게 필요한 시기에 말하는 것이 중요하다는 사실을 대화를 통해 알려주세요.

이렇게 해 볼까?

엄마아빠한테 말하지 못했던 너만의 비밀이 있어? 어떤 비밀이 있는지 구체적으로 말하지 않아도 괜찮아. 그렇지만 혼자서 해결할 수 없는 일이 고민될 때는 엄마아빠에게 말한다고 약속해 줘.

한 줄 반짝이는 생각

제 비밀은

이에요. 도움이 필요할 때 말씀드릴게요.

너는 어떤 사람과 친구가 되고 싶어?

☐ ☐ 예쁜 말을 쓰고 친절한 친구요.

☐ ☐ 따돌리지 않고 사이좋게 지내는 친구요.

☐ ☐ 재미있는 장난감을 자주 빌려주는 친구요.

선생님의 제안

친구를 사귈 때 어떤 점이 중요한지 아는 것은 교우관계 형성에 중요한 요소입니다. 우리 아이가 가치보다는 물질적인 이야기를 할 때는 나무라거나 의아해하기보다는 왜 그런 생각을 했는지 이유를 물어보는 게 좋습니다. 또 친구에게서 물질적인 장점을 발견하는 것뿐만 아니라 정서적인 만족감을 느끼는 것도 중요하다는 것을 알려 주세요.

이렇게 해 볼까?

너는 어떤 친구가 좋은 친구라고 생각해? 친구를 사귈 때 어떤 점이 제일 중요한지 말해 볼까?

한 줄 반짝이는 생각

저는 친구 사이에는

가 중요하다고 생각해요.

친구들을 위해
하고 싶은 일이 있어?

- ☐ ☐ 우리가 매일 쓰는 교실 청소를 하고 싶어요.
- ☐ ☐ 친구에게 공부를 알려 주고 싶어요.
- ☐ ☐ 생일인 친구에게 축하 카드를 써 주고 싶어요.

선생님의 제안

친구를 배려하는 마음을 표현하고 실천할 수 있는 질문입니다. 친구에게 왜 마음을 표현해야 하는지, 어떤 방법으로 표현해야 하는지 알려 주세요. 거창한 실천 방안보다는 생일인 친구에게 생일 축하 카드를 건네는 일처럼 소소하지만 직접 할 수 있는 일들을 계획하는 것이 좋습니다.

이렇게 해 볼까?

친구에게 베풀 수 있는 작지만 기분 좋은 친절한 행동에 어떤 것들이 있는 지 생각해 볼까?

한 줄 반짝이는 생각

작은 친절은 나누면 내 마음이

해져요.

가족을 위해 하고 싶은 일이 있어?

- ☐ ☐ 식사를 준비할 때 같이 돕고 싶어요.
- ☐ ☐ 화장실 청소를 돕고 싶어요.
- ☐ ☐ 엄마아빠에게 감사의 편지를 쓰고 싶어요.

선생님의 제안

먼저 가족이란 서로에게 얼마나 소중한 존재인지 이야기해 주세요. 그러고 나서 부모님이 아이에게 해줄 수 있는 것, 또 아이가 부모님이나 다른 가족을 위해 할 수 있는 일들을 이야기하며 소속감을 느낄 수 있도록 해 주세요. 이 대화에서 아이의 대답은 꼭 가정일이 아닐 수 있습니다. 부모님이나 형제를 위한 아이의 노력이면 무엇이든 칭찬해 주세요.

이렇게 해 볼까?

우리 가족을 위해 그런 생각을 했다니 정말 기특하구나. 네가 노력을 기울여 직접 그 일을 해 준다면 정말 기쁠 것 같아.

한 줄 반짝이는 생각

가족은 함께 있는 것만으로도 서로

존재입니다.

친구가 너의 물건을 망가트린 적 있어?

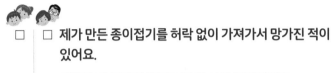

- ☐ ☐ 제가 만든 종이접기를 허락 없이 가져가서 망가진 적이 있어요.
- ☐ ☐ 친구가 제 연필을 떨어트려서 심이 부러졌어요.
- ☐ ☐ 제 물건을 함부로 만져서 기분이 나빴던 적이 있어요.

선생님의 제안

친구의 물건을 함부로 만져서 다투거나 물건이 망가지는 일은 생각보다 흔하게 일어납니다. 이때 아이가 슬기롭게 해결할 수 있도록 대처방법을 알려줘야 합니다. 먼저 "네가 연필을 떨어트려서 심이 부러졌어."와 같이 상황을 알리고, 물건이 망가져서 속상하다는 마음을 알리도록 안내해 주세요.

이렇게 해 볼까?

친구가 네 물건을 함부로 다뤄서 속상했겠다. 어떻게 하면 친구에게 네 마음을 전달할 수 있을까? 어려우면 어른에게 도움을 요청해 보자.

한 줄 반짝이는 생각

친구가 나의 물건을 망가트리면

라고 말할래요.

세 살 버릇 여든까지 가는 학습 습관 세우기

자기주도적 학습을 위한 습관에는 여러가지가 있습니다. 그 중 1학년 때부터 몸에 익히면 좋은 습관을 소개합니다.

1. 아침 시간이나 쉬는 시간에 미리 교과서 준비하기

시간표에 맞는 교과서를 사물함에서 꺼내 미리 책상 서랍에 넣어둡니다. 시간표를 몰라 책을 미리 정리하지 못하는 경우에는 쉬는 시간에 선생님의 안내를 듣고 꺼내 정리하도록 합니다. 수업 시간이 임박해 교과서를 준비하면, 마음이 급해 교과서를 잘 찾지 못할 수도 있고, 정돈되지 않은 마음으로 수업을 시작하여 집중하기 어렵습니다.

2. 수업과 관련 없는 물건 꺼내지 않기

가위, 풀, 그림을 그린 종이 등 수업과 관련 없는 물건을 책상 위에 두면 수업 중 자신도 모르게 눈이 그쪽으로 향하게 됩니다. 생각보다 많은 아이들이 수업 중 가위를 만지거나 볼펜을 딸깍거리는 소리를 내는 등 수업과 상관없는 물건에 한눈을 팔곤 합니다. 주의를 끌수 있는 물건은 처음부터 사물함에 넣으라고 말해 주세요.

3. 쉬는 시간 루틴 만들기

쉬는 시간이 되면 연필을 깎고 물통에 물을 떠오거나 화장실에 다녀온 후 친구들과 시간을 보내는 고정된 루틴을 만들어야 합니다. 학기 초부터 고정된 루틴을 만들어 지속적으로 실천하는 것이 학교 생활에 큰 도움이 됩니다.

여름이나 겨울이 아주 길어진다면 어떨 것 같아?

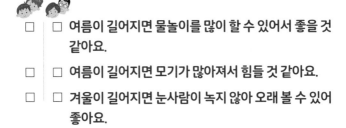

☐ ☐ **여름이 길어지면 물놀이를 많이 할 수 있어서 좋을 것 같아요.**

☐ ☐ **여름이 길어지면 모기가 많아져서 힘들 것 같아요.**

☐ ☐ **겨울이 길어지면 눈사람이 녹지 않아 오래 볼 수 있어 좋아요.**

선생님의 제안

한 계절이 길어지면 어떤 점이 좋고, 어떤 점이 나쁠지 이야기해 보세요. 또 한 계절이 길어지면 사람들의 모습은 어떻게 변할지, 겨울이 길어진 세상으로 모험을 떠난다면 어떤 일이 일어날지 등 상상의 세계를 뻗어 나갈 수 있습니다.

이렇게 해 볼까?

여름과 겨울 중 어떤 계절이 더 좋아? 만약 한 계절이 길어지면 어떤 일이 벌어질까? 자유롭게 상상해 보자. 실제로 한 계절만 계속되는 나라들도 있대. 그 나라에 사는 사람들은 어떤 생활을 할지 함께 알아볼까?

한 줄 반짝이는 생각

만약 한 계절이 길어진다면

같아요.

어린이들을 위해 어른들이 했으면 하는 일이 있어?

- ☐ ☐ 줄 서지 않고도 그네를 탈 수 있게 놀이터를 더 만들어 주면 좋겠어요.
- ☐ ☐ 맛있는 간식을 많이 만들어 주면 좋겠어요.
- ☐ ☐ 어린이에게 칭찬해 주는 어른들이 많아지면 좋겠어요.

선생님의 제안

아이들은 어른이 할 수 있는 게 매우 많다고 생각합니다. 아이들이 원하는 것이 무엇인지 듣고 어른의 믿음직한 모습을 보여주세요.

이렇게 해 볼까?

엄마아빠도 너의 생각을 잘 들어주는 어른이 되도록 노력할게. 엄마아빠한 테 바라는 게 있다면 언제든지 이야기해도 좋아.

한 줄 반짝이는 생각

내가 어른이 된다면 어린이에게

을/를 해주고 싶어요.

좋아하는 패션 스타일은 뭐야?

- ☐ ☐ 저는 청바지를 입는 것이 좋아요.
- ☐ ☐ 저는 모자를 쓰는 것이 좋아요.
- ☐ ☐ 저는 원피스를 입을 때 제일 행복해요.

선생님의 제안

패션은 아이들이 자신의 개성과 취향 등 자아를 표현하는 수단이며 또래 친구들의 관심의 대상이 될 수 있는 도구입니다. 특히 자신의 취향을 알고 표현하는 것은 긍정적인 자아 인식에 영향을 주기 때문에, 관심 있는 옷을 주제로 이야기 나누고 개성을 표현할 수 있게 도와주시는 것이 좋습니다.

이렇게 해 볼까?

네가 갖고 있는 옷 중 가장 마음에 드는 옷은 어떤 거야? 그 옷을 특별히 좋아하는 이유를 말해 줄래?

한 줄 반짝이는 생각

제가 가장 좋아하는 옷은

입니다.

무슨 냄새를 좋아해?
왜 그 냄새를 좋아하니?

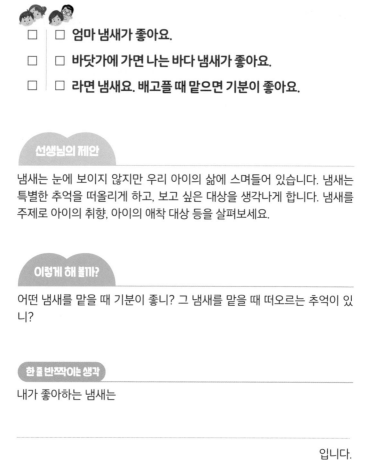

- □ □ 엄마 냄새가 좋아요.
- □ □ 바닷가에 가면 나는 바다 냄새가 좋아요.
- □ □ 라면 냄새요. 배고플 때 맡으면 기분이 좋아요.

선생님의 제안

냄새는 눈에 보이지 않지만 우리 아이의 삶에 스며들어 있습니다. 냄새는 특별한 추억을 떠올리게 하고, 보고 싶은 대상을 생각나게 합니다. 냄새를 주제로 아이의 취향, 아이의 애착 대상 등을 살펴보세요.

이렇게 해 볼까?

어떤 냄새를 맡을 때 기분이 좋니? 그 냄새를 맡을 때 떠오르는 추억이 있니?

한 줄 반짝이는 생각

내가 좋아하는 냄새는

입니다.

학교에서 하면 안 되는 행동은 무엇일까?

- ☐ ☐ **친구를 괴롭히거나 놀리면 안 돼요.**
- ☐ ☐ **위험한 곳에 가면 안 돼요.**
- ☐ ☐ **선생님께 예의 없이 말하면 안 돼요.**

선생님의 제안

저학년 시기에 규칙을 이해하고 실천하는 것은 중요합니다. 학교에서 해도 괜찮은 행동과 그렇지 않은 행동이 무엇인지 이야기하는 과정을 통해 규칙의 필요성과 중요성을 인식하게 됩니다. 무조건 "그런 행동은 안 돼!"라고 이야기하기보다는 왜 하면 안 되는지를 같이 이야기 나눠 주세요.

이렇게 해 볼까?

학교에서 어떤 행동을 하면 친구들이나 선생님이 불편해할까? 그 행동을 왜 하면 안 될지 이야기해 볼까? 그렇다면 학교에서 어떻게 행동하는 것이 좋을까?

한 줄 반짝이는 생각

학교에서는

하면 안 돼요.

친구 사귀기를 어려워하는 아이, 어떻게 도와줄까요?

사회적 관계를 만들어 가는 것은 아이의 인생의 중요하면서도 어려운 과제입니다. 하지만 아직 자기 중심성을 지닌 저학년 아이들에게 내가 좋아하는 것을 양보하고 다른 사람의 의견을 수용하는 과정이 쉽지만은 않습니다. 친구와의 관계를 유지하는 것이 어려워 보일 때 부모님의 관심과 지원은 중요합니다.

1. 친구에게 다가가는 방법을 알려주세요.

많은 아이들이 친구와 대화를 시작하는 방법을 모르거나, 어떤 주제로 이야기해야 하는지 모르는 경우가 많습니다. 친구와 나의 공통의 관심사를 찾아보고 그에 대해 말하는 연습을 해 보는 것도 좋습니다.

예시 "나도 같이 해도 돼?", "너는 어떤 캐릭터를 좋아해?", "나는 OO 태권도학원 다녀.", "재미있지 않아?"

2. 편안한 마음을 갖도록 대화해 주세요.

아이들은 친구를 사귀기 위해 많은 노력을 합니다. 하지만 그 노력이 기대만큼 잘 풀리지 않기도 합니다. 만약 아이가 친구에게 거절을 당하거나 원하는 반응을 얻지 못한 경우 "얼른 친구 만들어야지.", "너 이렇게 하면 친구들이 안 놀아줘!"와 같은 말을 하기보다는 "괜찮아, 너와 더 잘 맞는 좋은 친구를 찾아보자.", "너랑 잘 어울릴 다른 친구들도 많이 있어."와 같은 대화로 아이를 안심시키는 것이 좋습니다.

아이가 친구를 사귀기 어려워하는 것은 어떤 친구를 사귀어야 할지 깊게 고민하는 신중한 성격 때문일 수 있습니다. 자신의 에너지 레벨에 맞는 친구를 찾는 과정에는 시간이 걸립니다. 충분히 탐색한 후 다가갈 수 있도록 아이를 믿고 기다려 주세요.

월요일
•태도•

학교에서 어떤 행동을 하면 선생님이나 친구들이 좋아할까?

- ☐ ☐ 학교에서 공부를 열심히 하면 선생님과 친구들이 좋아해요.
- ☐ ☐ 축구할 때 골을 넣으면 친구들이 좋아해요.
- ☐ ☐ 친구들과 사이 좋게 지내면 선생님이 좋아하세요.

선생님의 제안

누군가에게 칭찬받기 위해서 좋은 행동을 해야 한다는 생각보다는 타인과 함께 살아가기 위해서는 지켜야 할 최소한의 행동 양식과 예의가 있다는 점을 알려 주시는 것도 좋습니다. 스스로 양심을 지키고 질서를 지키는 좋은 행동은 자기 자신에 대한 좋은 이미지를 만들 수 있다는 점도 알려주세요.

이렇게 해 볼까?

네가 학교생활을 씩씩하게 하는 멋진 학생이어서 엄마아빠는 정말 기뻐. 네가 특별히 누구에게 잘 보이기 위해서 행동을 하는 것도 필요하지만 네 스스로 보기에 좋은 행동을 하다 보면 주위에 너를 좋아하는 사람들이 많아질 거야.

한 줄 반짝이는 생각

내일 선생님과 친구들을 위해

할래요.

학교에 가면 수업 시작하기 전까지 무엇을 해?

☐ ☐ 아침 시간은 책 읽는 시간이라 좋아하는 책을 읽어요.

☐ ☐ 화장실에 다녀오거나 자리에 앉아서 색칠공부를 해요.

☐ ☐ 친구와 이야기 나누거나 교실을 돌아다니며 놀아요.

선생님의 제안

저학년 학생들은 규칙적인 생활에서 안정감을 느낍니다. 이 때문에 저학년 학급에서는 특정한 오전 활동을 정하는 경우가 많습니다. 그러나 학기 초에는 이러한 규칙을 지키기 어려워하는 아이들이 대부분입니다. 아이의 아침 활동 모습을 물어보고 조금씩 발전할 수 있도록 격려해 주세요.

이렇게 해 볼까?

아침 시간에 자리에 앉아서 정해진 활동을 하는 것이 어렵지는 않니? 내일은 오늘보다 조금만 더 집중할 수 있도록 노력해 보자.

한 줄 반짝이는 생각

우리 반은 아침 시간에

을/를 해요.

친구들과 어떤 이야기를 가장 많이 해?

- ☐ ☐ 좋아하는 캐릭터 이야기를 많이 해요.
- ☐ ☐ 어제 함께했던 게임 이야기를 해요.
- ☐ ☐ 같이 놀자는 이야기를 했어요.

선생님의 제안

친구들과 나누는 대화 주제는 우리 아이의 사회적인 관계와 친구 관계의 깊이를 이해하는 데 도움이 됩니다. 특히 친구와 구체적으로 어떤 말을 나누었는지 들어보면서 아이들이 사용하는 언어나 또래 문화를 엿볼 수 있습니다.

이렇게 해 볼까?

친구들과 어떤 얘기를 주로 해? 친구가 뭐라고 했는지, 너는 어떻게 대답했는지 알려줄 수 있어?

한 줄 반짝이는 생각

요즘 나와 친구는

에 대해 이야기를 해요.

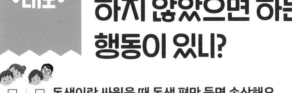

집에서 어른들이 하지 않았으면 하는 행동이 있니?

- ☐ ☐ 동생이랑 싸웠을 때 동생 편만 들면 속상해요.
- ☐ ☐ 주말에 핸드폰만 보고 제 얘기를 안 들어줘서 속상해요.
- ☐ ☐ 어른들이 담배를 피우지 않았으면 좋겠어요. 건강이 걱정돼요.

선생님의 제안

아이들은 생각보다 많은 것을 보고 듣고 기억합니다. 아이가 미처 생각지도 못한 이야기를 한다면 "엄마가 미처 몰랐어. 앞으로는 조심할게."와 같이 약속하고, 약속을 지키는 모습을 보여주세요.

이렇게 해 볼까?

어른들의 이런 행동 때문에 속상했구나. 엄마아빠도 이런 행동을 하지 않도록 노력해 볼게.

한 줄 반짝이는 생각

저는 부모님이

행동을 하지 않았으면 좋겠어요.

학교에 가기 싫을 때는 언제야?

- ☐ ☐ 숙제를 안 해서 선생님한테 혼날 것 같을 때요.
- ☐ ☐ 월요일에 더 자고 싶을 때 학교 가기가 싫어요.
- ☐ ☐ 친구와 싸운 다음 날에 학교에 가기 싫어요.

선생님의 제안

학교에 가기 싫다는 감정은 다양한 이유에서 비롯될 수 있습니다. 아이가 투정을 부리듯 이야기해도 나무라기보다는 질문을 통해 자신의 감정을 솔직하게 이야기할 수 있도록 도와주세요. 또한 그 문제를 해결할 수 있는 방법을 함께 찾아보는 것도 의미 있습니다.

이렇게 해 볼까?

학교에 가기 싫었던 적이 있었니? 그때 무슨 일이 있었는지, 어떤 점이 힘들었는지 이야기해 줄래?

한 줄 반짝이는 생각

저는

할 때 학교에 가기 싫어요.

우리 아이의 거짓말,
슬기롭게 대처하는 방법

아이들은 종종 혼나는 상황을 피하기 위해서, 실수나 잘못을 인정하지 않고 거짓말을 하곤 합니다. 부모님을 속이려고 한다기보다, 자신을 보호하기 위해 보이는 자연스러운 모습이기도 합니다. 학교에 입학하면 남들과 나를 비교하게 되고 남보다 더 뛰어나 보이기 위해 거짓말을 하곤 합니다. 가정에서도 부정적인 상황을 벗어나기 위해 거짓말을 합니다. 아이가 나쁜 마음을 먹고 일부러 하는 거짓말이 아니기 때문에 너무 걱정하기보다는 현재 아이의 마음에 어떤 욕구가 있는지 파악하는 것이 필요합니다.

1. 거짓말을 한 이유 물어보기
• "왜 그런 말을 했니? 무엇이 걱정되었니?"
2. 아이의 마음에 공감하기
• "솔직한 마음을 말해줘서 고마워. 용기가 필요했겠다."
• "네가 나쁜 마음으로 거짓말한 게 아니라는 것을 알겠어."
3. 올바른 방법 안내하기
• "그렇지만 정직하게 말하지 않은 것은 잘못된 것이야."
• "누구나 실수할 수 있기 때문에 솔직하게 말하고 그 문제를 해결하는 것이 중요해."
4. 약속하기
• "앞으로는 솔직하게 말해주면 좋겠어. 약속해 줄 수 있겠니?"

자녀의 입장에 공감하며, 긍정적인 말과 격려로 자녀가 솔직하고 정직하게 말하고 행동하도록 도와야 합니다. 이를 통해 자녀와 신뢰 관계를 형성하고, 건강한 성장을 도와줄 수 있습니다.

똑똑한 사람은 어떤 사람일까?

☐ ☐ 공부를 잘하는 사람이 똑똑한 사람이에요.

☐ ☐ 무엇이든지 많이 아는 사람이 똑똑한 사람이라고 생각해요.

☐ ☐ 엄마아빠 같은 사람이요.

선생님의 제안

똑똑함이나 지능의 다양한 측면에 대해 이해하는 것이 중요합니다. 공부를 잘하는 것도 똑똑한 것이지만, 음악이나 미술·체육 분야에서 재능이 있는 것도 똑똑하다고 할 수 있고, 다른 사람의 마음을 잘 이해하거나 배려하는 사람도 똑똑한 사람이라고 할 수 있지요. 어떤 성취를 해야만 똑똑한 것이 아닌, 삶을 슬기롭게 살아가고 열심히 노력하는 태도가 똑똑한 것이라는 사실을 이야기해 주세요.

이렇게 해 볼까?

궁금한 것이 생기면 질문하고 알아가는 사람도 똑똑한 사람이야. 너의 호기심을 마음껏 표현해 봐. 또 어떤 사람이 똑똑한 사람일까?

한 줄 반짝이는 생각

나는

을/를 잘하는 똑똑한 사람이에요.

어떤 습관을 가지고 싶어?

☐ ☐ 양치를 시간에 맞춰서 잘하고 싶어요.

☐ ☐ 아침에 일찍 일어나는 게 어려운데 일찍 일어나고 싶어요.

☐ ☐ 음식을 골고루 먹는 습관을 가져서 튼튼해지고 싶어요.

선생님의 제안

저학년 때부터 바른 생활습관을 만드는 것은 매우 중요합니다. 꾸준히 해낼 수 있는 작은 일들을 찾아 하루도 빠짐없이 해내는 것이 무엇보다 중요합니다. 작은 노력이 쌓여 큰 결실을 맺을 수 있습니다. 우리 아이의 작은 습관 하나가 무엇이든 해낼 수 있는 좋은 습관으로 바뀌게 도와주세요.

이렇게 해 볼까?

혼자서 해낼 수 있는 습관에는 무엇이 있을까? 작은 일이어도 괜찮아. 그 습관을 만들기 위해 엄마가 도와주어야 할 것이 있을까? 그 습관을 만들고 싶은 이유는 뭐야?

한 줄 반짝이는 생각

저는

하는 습관을 만들고 싶어요.

수요일
•태도•

이번 주에 학교에서 만든 작품에 대해 설명해 줄래?

☐ ☐ 하늘로 올라가는 용을 지점토로 만들었어요.

☐ ☐ 종이접기로 움직이는 뱀을 만들었어요.

☐ ☐ 크레파스와 물감을 이용해 우리 가족을 그렸어요.

선생님의 제안

저학년 시기에는 학교에서 다양한 작품을 만들어 보는 조작활동 시간이 많습니다. 우리 아이가 학교에서 어떤 수업활동을 하는지, 소근육이 제대로 발달하고 있는지 대화를 통해 알아보세요.

이렇게 해 볼까?

요즘 학교에서 손으로 만들기 했던 적이 있어? 무엇을 만들었어? 만들 때 어렵지는 않았니? 어떻게 만들었는지 엄마에게 알려줘.

한 줄 반짝이는 생각

학교에서

을/를 만들어 봤어요.

만약 주인공이 될 수 있다면 어떤 이야기 속으로 들어가고 싶어?

- ☐ ☐ 악당을 무찌르는 만화영화 속에 들어가고 싶어요.
- ☐ ☐ 게임 속에 들어가 모험을 떠나고 싶어요.
- ☐ ☐ 결말이 아쉬웠던 책 속에 들어가서 결말을 바꾸고 싶어요.

선생님의 제안

아이들은 이야기의 주인공이 되는 상상을 하며 자신의 생각과 감정을 풍부하게 표현하고 창의력을 함양하게 됩니다. 아이들이 자유롭게 상상한 내용을 이야기할 수 있게 해 주세요. 상상한 것을 바탕으로 그림을 그려보거나 자신만의 이야기를 새로 만들어 볼 수 있도록 격려해 주세요.

이렇게 해 볼까?

이야기 속에 들어가면 어떤 모험을 떠나고 싶니? 네 이야기를 들으니 정말 근사한 모험이 펼쳐질 것 같아 두근두근해!

한 줄 반짝이는 생각

저는

_____

속의 주인공이 되어 보고 싶어요.

학교에서 물건을 잃어버리면 어떻게 해?

☐ ☐ **친구들에게 물어봐서 찾은 적이 있어요.**

☐ ☐ **혼자 찾다가 선생님께 도움을 요청했어요.**

☐ ☐ **찾아보다가 안 보여서 그냥 포기했어요.**

선생님의 제안

이동 수업을 진행하거나 점심시간에 들고 다니다가 깜박하고 겉옷, 핸드폰 등 물건을 잃어버리는 경우가 많습니다. 물건을 잃어버리지 않기 위해서는 자신의 물건에 이름을 쓰는 것이 무엇보다 중요합니다. 물건에 이름을 쓰고 내 물건을 소중하게 여기는 태도를 기를 수 있게 해 주세요.

이렇게 해 볼까?

마지막으로 핸드폰을 본 장소는 어디야? 잘 기억이 나지 않으면 마지막으로 핸드폰으로 무엇을 했는지 떠올려 봐. 물건을 깜박하고 온 것 같다면 꼭 선생님께 말씀드려야 해.

한 줄 반짝이는 생각

선생님

_____

에서 물건을 잃어버린 것 같아요. 찾으러 다녀와도 될까요?

생활 공간 정리하는 습관 들이는 방법

저학년 시기가 되면 유아시기에 부모에게 의존했던 일들을 스스로 해야 합니다. 자신의 일을 해내는 과정에서 할 수 있다는 자신감과 자존감이 향상되기도 합니다. 무엇보다 자기가 사용하는 공간이나 물품을 스스로 정리하는 습관은 책임감을 기르고 자기주도성을 기르는 데 중요합니다. 다만 처음부터 큰 공간과 모든 것을 스스로 정리하게 하는 것보다는, 순서에 따라서 정리습관을 들일 수 있도록 도와주시는 것이 좋습니다.

1. 공간을 스스로 정리하면 좋은 점과 공간을 깔끔하게 청소한 후의 기분을 상상하게 하며 공간 정리가 스스로에게 도움이 된다는 것을 알려 주세요.
2. 매일 비슷한 시간에 정리하는 것은 습관 만들기에 도움이 됩니다. 또 정리에 소요되는 시간도 10~15분으로 정하는 것이 좋습니다. 단순히 "정리해야 해!"라고 말하기보다, 큰 물건에서 작은 물건 순서대로 정리하도록 구체적으로 시범을 보여주는 것이 좋습니다. 순서를 기억하기 어려운 경우 정리 순서를 직접 그림으로 표현해서 방에 붙여두도록 하는 것도 좋습니다.
3. 새로운 습관을 만들기 위해서는 일정기간 세심한 관찰과 보상, 반복적인 행동 연습이 필요합니다. 칭찬 쿠폰을 만들거나 귀여운 청소용품을 활용하여 정리가 즐겁다는 인식을 갖도록 도와주세요.

가장 중요한 것은 아이가 정리한 후의 모습이 만족스럽지 않아도 노력한 과정을 인정하고 지지해 주는 것입니다. 자연스러운 습관으로 만들기 위해서는 시간이 필요합니다. 우리 아이를 믿고 기다려 주세요.

학교 화장실이 무섭지는 않아?

☐ | ☐ **학교 화장실이 무서워서 혼자서는 가기 싫어요.**

☐ | ☐ **무섭지는 않은데 혼자 뒷처리 하는 게 어려워요.**

☐ | ☐ **하나도 안 무서워요. 혼자서도 잘할 수 있어요.**

선생님의 제안

가끔 화장실에 가는 것을 두려워하는 아이들이 있습니다. 가정에서 하의 내리기, 변기에 앉기, 물 내리기 등 단계적인 지도로 화장실 사용이 능숙해지도록 하고, 쉬는 시간에 화장실에서 손 씻고 돌아오기 등의 간단한 미션과 칭찬으로 화장실을 익숙한 공간으로 여기도록 도와주세요.

이렇게 해 볼까?

화장실은 무섭거나 어려운 곳이 아니야. 혼자 가서 손을 한 번 씻고 와 볼래? 화장실이 무서우면 친구에게 같이 가자고 이야기해 봐.

한 줄 반짝이는 생각

저는 학교 화장실을

....

싶어요.

비가 오고 있는데 우산이 없으면 어떻게 할 거야?

- [ ] [ ] **집까지 달려갈 거예요.**
- [ ] [ ] **책가방을 머리 위로 올리고 달릴 거예요.**
- [ ] [ ] **엄마아빠한테 전화해서 데리러 오라고 할 거예요.**

선생님의 제안

비가 오는데 우산이 없으면 아이들은 당황할 수 있습니다. 이럴 때는 엄마에게 전화해서 "우산이 없는데 어떡해?" 하고 묻거나, 집이 가깝다면 뛰어서 가는 경우도 있습니다. 우리 아이가 어떤 선택을 하든 아이를 칭찬해 주세요. 예상치 못한 상황에서 아이 나름대로 문제를 해결했기 때문입니다.

이렇게 해 볼까?

비가 오는데 우산이 없으면 당황하지 마. 지나가는 친구와 우산을 같이 쓸 수도 있고, 엄마나 아빠에게 전화해서 어떻게 하면 좋을지 물어볼 수 있어.

한 줄 반짝이는 생각

비가 오는데 우산이 없으면 저는

할 거예요.

수요일 •창의력• 눈 오는 날 친구들과 어떤 놀이를 하고 싶어?

- □ □ 눈사람을 만들어 보고 싶어요.
- □ □ 같이 장갑을 끼고 눈싸움하면 재밌을 것 같아요.
- □ □ 친구와 함께 크리스마스 트리를 꾸미고 싶어요.

선생님의 제안

자연은 아이들에게 놀잇감이 되기도 합니다. 작년 겨울의 추억을 이야기하거나 친구와 새롭게 하고 싶은 활동을 생각해 볼 수 있는 질문입니다. 단순히 하고 싶은 놀이를 묻는 질문으로 대화를 끝내기보다는 눈 오는 날 어떤 기분인지, 왜 눈 오는 날 그 놀이가 하고 싶은지 등의 질문으로 대화를 이어 나가 보세요.

이렇게 해 볼까?

눈이 오면 기분이 어때? 눈이 내리는 모습을 보면 떠오르는 것이 있니? 눈을 갖고 어떻게 놀 수 있을까?

한 줄 반짝이는 생각

눈이 올 때 친구와

을/를 해 보고 싶어요.

목요일 •학습•

공부하기 싫은 날은 어떻게 하면 좋을까?

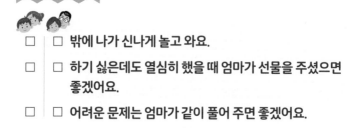

- ☐ ☐ 밖에 나가 신나게 놀고 와요.
- ☐ ☐ 하기 싫은데도 열심히 했을 때 엄마가 선물을 주셨으면 좋겠어요.
- ☐ ☐ 어려운 문제는 엄마가 같이 풀어 주면 좋겠어요.

선생님의 제안

이 질문을 할 때에는 공부를 해야 한다는 압박이나 강요가 되지 않게 주의해야 합니다. 누구나 해야 할 일을 하는 게 어려울 때가 있음에 충분히 공감해 주고, 자녀가 작은 노력이라도 했을 때 이를 칭찬해 주어야 합니다.

이렇게 해 볼까?

공부하기 좋은 시간이나 나쁜 시간이 있어? 공부하기 싫을 때 엄마가 어떻게 도와주면 좋을까?

한 줄 반짝이는 생각

공부하기 싫을 때는

하게 해 주세요.

금요일

•상상력•

오늘 하늘을 몇 번이나 쳐다봤어?

☐ ☐ 하늘을 봤더니 똥 모양 구름이 있어서 여러 번 봤어요.

☐ ☐ 오늘 놀면서 하늘을 엄청 많이 봤어요.

☐ ☐ 너무 신나게 노느라 하늘을 한 번도 쳐다보지 않았어요.

선생님의 제안

부모님 만큼이나 아이들 역시 열심히 생활하느라 하늘을 바라보는 여유를 잊었을지도 모릅니다. 오늘은 아이와 함께 손잡고 여유롭게 하늘을 바라보는 시간을 가져보세요. 구름 모양을 살피며 다양한 상상과 이야기를 나누어도 좋습니다.

이렇게 해 볼까?

우리 잠깐 하던 것을 멈추고 하늘을 함께 바라볼까? 저기 토끼 모양 구름이 지나가네. 너는 어떤 하늘이 가장 좋니? 엄마아빠는 별이 많은 밤하늘과 뭉게구름이 많이 떠 있는 하늘이 좋아.

한 줄 반짝이는 생각

하늘은 마치

같아요.

아이와 함께하는 책 읽기

최근 아이의 문해력 향상과 사고력 증진을 위해 책 읽기가 강조되고 있습니다. 그러나 미디어가 다양해지고 많은 콘텐츠가 생산되는 요즘, 아이들이 책을 좋아하게 만들기가 마음처럼 쉽지 않습니다. 아이와 책을 잘 읽는 방법을 알아볼까요?

먼저 언제, 어떻게 읽어야 할지 책 읽는 시범을 보여주세요. 책을 잘 읽는 아이로 성장하기 위해서는 부모님이 함께 책을 읽거나 평소 책 읽는 모습을 아이에게 보여주는 것이 좋습니다. 아이는 부모님의 모습을 보며 책을 읽는 태도와 방법을 간접적으로 익히게 됩니다.

다음으로는 독서하는 올바른 방법을 알려주세요. 때때로 아이들은 책을 읽으며 모르는 내용을 질문하거나, 이해가 되지 않는 것에 대한 설명을 요구합니다. 부모님이 친절하게 말하는 것도 좋지만, "너는 그 단어의 뜻이 뭐라고 생각해? 네가 생각하기에는 주인공이 왜 그런 행동을 한 것 같아?" 등의 질문을 활용해서 아이들이 스스로 생각할 수 있도록 해 주세요. 또 끝까지 읽는 인내심을 길러 주세요. 온전히 자기가 독서를 끌고 나갈 수 있도록 하는 것이 좋습니다.

독서 후에 다양한 대화를 나누어 주세요. 독서감상문을 써 보는 것도 중요하지만 글쓰기에 부담을 느끼는 경우 책 읽기에 대한 부담으로 이어지기도 합니다. 아이의 감상의 폭을 넓힐 수 있는 대화를 통해 사고를 자극해 주시는 것도 좋습니다.

"주인공은 우리 가족 중 누구랑 닮은 것 같아?"

"이 책을 누구에게 추천해 주고 싶어? 왜 그렇게 생각했니?"

"이 책의 결말에 점수를 주면 몇 점이야? 다른 결말이었으면 어땠을까?"

이야기를 이끌어 나갈 방법을 모르겠다면 EBS미디어 독서력진단센터(https://www.ebsreadingtest.co.kr 내 '무료독서교육')의 예시자료를 활용해 보는 것도 좋습니다.

화장실에서 볼 일을 봤는데 변기가 막히면 어떻게 할 거야?

☐ ☐ 물을 여러 번 더 내려 볼 거예요. 상상만 해도 끔찍해요.

☐ ☐ 선생님께 가서 도와달라고 할래요.

☐ ☐ 부끄러워서 그냥 도망갈 것 같아요.

선생님의 제안

화장실에서 볼 일을 본 후 변기가 막혔을 때, 유치원 화장실과 생김새가 달라 물 내리는 법을 모를 때 등 어려움이 생기면 선생님이나 주변 어른에게 도움을 요청해야 한다는 것을 알려주세요. 평소 변기 뚜껑을 내리고 물을 내린 후, 잘 내려갔는지 확인하는 센스도 알려주시면 더욱 좋습니다.

이렇게 해 볼까?

변기가 막혀서 많이 놀랐겠구나. 물이 넘치지는 않았어? 혼자서 해결이 어려우면 변기 뚜껑을 닫아 놓고 어른에게 도움을 요청해 봐.

한 줄 반짝이는 생각

변기가 막혔을 때는

해야겠어요.

학교에서 혼자서 해결하기 어려운 일이 생기면 어떻게 할 거야?

- [ ] [ ] 혼자서 못하는 일이 생기면 선생님께 말씀드려요.
- [ ] [ ] 뭐든지 스스로 할 수 있어야 하니, 끝까지 혼자 할 거예요.
- [ ] [ ] 신발을 잃어버렸을 때 어떻게 해야 되는지 몰라서 울었어요.

선생님의 제안

도움 요청하기는 초등학교 저학년에게 반드시 필요한 사회적 기술입니다. 스스로 해결하기 어려운 일은 어른에게 도움을 요청해야 합니다. 이때 도움을 줄 수 있는 어른이 누구인지 아는 것 역시 중요합니다. 담임 선생님이나 부모님께 도움을 요청하는 것을 두려워하지 않게 대화해 주세요.

이렇게 해 볼까?

어려운 일이 생기면 어떤 기분이 들어? 너에게 도움을 줄 수 있는 어른은 누구일까?

한 줄 반짝이는 생각

혼자서 하기 어려운 일이 생기면

라고 말해요.

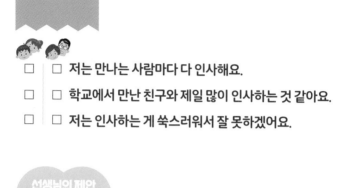

수요일
•생활•

너는 누구에게 인사를 가장 많이 하니?

□ □ 저는 만나는 사람마다 다 인사해요.

□ □ 학교에서 만난 친구와 제일 많이 인사하는 것 같아요.

□ □ 저는 인사하는 게 쑥스러워서 잘 못하겠어요.

선생님의 제안

인사는 상호작용의 시작입니다. 어떻게 인사해야 할지 몰라 관계 맺기에 어려움을 겪는 아이들도 있습니다. 따라서 인사를 어떻게, 얼마나 자주 해야 하는지 이야기하면서, 누구에게나 친절하게 인사하는 일이 중요하다는 것을 알려주세요.

이렇게 해 볼까?

어떤 표정과 동작으로 인사하는지 보여줄 수 있어? 인사를 하면 왜 좋을까? 누가 인사를 안 해줘서 속상했던 기억이 있으면 말해 볼래?

한 줄 반짝이는 생각

저는

_____

에게 인사를 해요.

목요일
•창의력•

맴맴 우는 매미는
무슨 말이 하고 싶은 걸까?

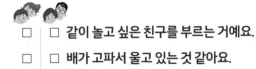

- ☐ ☐ 같이 놀고 싶은 친구를 부르는 거예요.
- ☐ ☐ 배가 고파서 울고 있는 것 같아요.
- ☐ ☐ 짝짓기 할 짝을 찾아 울고 있는 거래요.

선생님의 제안

"저 매미는 왜 울고 있는 것일까? 네가 매미가 된다면 왜 울 것 같아?" 등
의 질문으로 아이의 상상력을 자극해 보세요. 곤충에 관심이 많은 아이라
면 매미의 한살이와 관련된 책을 함께 찾아 읽어도 좋고, 감수성이 풍부한
아이라면 매미를 주제로 간단한 이야기를 만들어 보아도 좋습니다.

이렇게 해 볼까?

맴맴 우는 매미가 이렇게 다양한 이야기를 하고 있는 줄 미처 몰랐네! 이제
매미 소리가 시끄럽지 않고 반갑게 들릴 것 같아.

한 줄 반짝이는 생각

매미는

말이 하고 싶어서 울고 있는 것 같아요.

교실이나 복도에서 뛰면 안 되는 이유가 무엇일까?

- ☐ ☐ 복도에서 뛰다가 다른 친구와 부딪혀 다칠 수 있어요.
- ☐ ☐ 친구를 배려하려면 학교 규칙을 잘 지켜야 해요.
- ☐ ☐ 선생님이 안전을 위해 질서를 꼭 지켜야 한다고 하셨어요.

선생님의 제안

학교에서 일어나는 안전사고의 가장 큰 원인은 장난입니다. 그 중 교실이나 복도에서 뛰어다니거나 장난을 치다 다치는 경우도 많습니다. 단순히 뛰지 말라고 이야기하는 것보다 뛰면 안 되는 이유를 스스로 찾아볼 수 있도록 하는 것이 규칙을 지키는 데 효과적입니다.

이렇게 해 볼까?

만약 모든 학생들이 교실이나 복도에서 뛰어다닌다면 어떻게 될 것 같아? 왜 학교 안에서는 뛰어다니면 안 될까? 뛰어다니는 친구를 보면 어떤 말을 해 줄래?

한 줄 반짝이는 생각

복도나 교실에서는

하며 지내요.

우리 아이 문해력을 길러주는 기초 활동 추천

끊임없이 생산되는 미디어 콘텐츠에 노출되는 만큼, 아이들의 문해력은 점점 떨어지고 있습니다. 많은 양의 정보를 읽고 해석하는 능력과 '학습도구어'에 대한 이해는 학습능력 향상에 큰 영향을 미치기 때문에, 기초를 탄탄히 길러 주어야 합니다.

먼저 우리 아이의 문해력이 어느 정도인지 확인해 보세요. 아래 사이트에서 진단할 수 있습니다.

1. 한글 또박또박(http://www.ihangeul.kr)
2. 웰리미 한글 진단 검사(https://hg.mirae-n.com)

아이의 문해력을 길러주기 위해서는 다양한 활동이 필요합니다.

1. 다양한 단어 수집하기: 매일 하나의 단어를 등하굣길이나 미디어에서 수집해서 엄마한테 이야기해 주는 활동입니다. 학교나 길거리에서 새롭게 알게 된 단어를 이야기하며 어휘력을 풍부히 할 수 있습니다. 아이가 이야기하는 새로운 단어를 듣고 다양한 예시를 제시해 주시는 것이 좋습니다.

2. 그림을 보고 이야기 짓기: 글을 읽기 전 그림을 보고 어떤 것이 보이는지, 어떤 일이 일어나고 있는지 등을 이야기해 보는 활동은 글을 해석하는 능력을 기르는 데 도움이 됩니다.

3. 소리 내어 글 읽기: 아직 단어나 문장이 익숙하지 않은 저학년 시기에는 문자를 마음속으로만 조용히 읽기보다는 소리 내어 읽으며 눈으로 한 번, 귀로 두 번 읽게 해야 합니다.

4. 알게 된 점 설명하기: 글을 읽는 것이 곧 이해하는 것이라고 착각하는 아이들이 많습니다. 책에 있는 정보를 나의 단어로 표현하고 주위 사람에게 설명하게 해 주세요. 어떤 내용을 잘 이해하지 못했는지, 어떤 내용을 잘 해석했는지 확인할 수 있습니다.

친구의 말과 행동에 화가 날 때 어떻게 하면 좋을까?

☐ ☐ **친구에게 내 기분을 솔직하게 말해요.**

☐ ☐ **친구에게 사과해 달라고 말해요.**

☐ ☐ **친구에게 아무 말도 못할 것 같아요.**

선생님의 제안

학교에서 친구와 지낼 때 문제가 발생하는 경우가 종종 있습니다. 이 문제를 바르게 해결하면 좋겠지만 아직 어린 아이들은 서로의 감정을 표현하는 방법을 잘 알지 못합니다. 친구의 말과 행동 때문에 상처를 입었을 때 지금 내 기분을 말할 수 있는 연습을 엄마와 함께하면 좋습니다.

이렇게 해 볼까?

친구에게 내 기분을 말하는 건 쉽지 않은 일이야. 하지만 솔직하게 말하지 않으면 친구는 너의 마음을 알기 어려워. 친구에게 지금 내 기분이 어떤지를 말해 봐. 그리고 사과받고 싶은 내용을 천천히 설명해 보면 어떨까?

한 줄 반짝이는 생각

친구야, 지금 네가 한 말과 행동 때문에 내 기분이 좋지 않아. 나한테

해 줄래?

화요일 •태도•

발표를 하고 나서 어떤 마음이 들어?

- ☐ ☐ 더 잘할 수 있었는데 못한 것 같아 아쉬워요.
- ☐ ☐ 친구들이 다 나를 보고 있을까 봐 긴장돼요.
- ☐ ☐ 엄청 잘한 것 같아서 뿌듯해요!

선생님의 제안

어른에게도 아이에게도 누군가의 앞에서 발표하는 것은 어려운 일입니다. 발표 후에 어떤 감정이 드는지 이야기하고 다음에 발표할 때는 어떻게 발표를 하고 싶은지 이야기 나누는 것을 추천합니다.

이렇게 해 볼까?

최근에 발표하고 나서 네 기분에 대해 생각해 본 적이 있어? 발표를 하고 자리에 앉을 때 어떤 마음이 가장 먼저 들었니? 발표를 할 때 떨리는 것은 당연한 거야. 떨린다고 잘못된 것이 아니지. 너무 떨린다면 숨을 크게 내쉬고 이야기해 보는 것도 좋은 방법이 된단다.

한 줄 반짝이는 생각

발표하고 나서

하는 기분이 들어요.

1학년 말고 몇 학년이 되어 보고 싶어?

- ☐ ☐ 유치원으로 돌아가서 친구들과 선생님을 보고 싶어요.
- ☐ ☐ 2학년이 돼서 1학년 동생들을 도와주고 싶어요.
- ☐ ☐ 저는 지금이 좋아요.

선생님의 제안

'만약에~' 하고 가정하는 질문은 아이들이 다양한 가능성을 상상할 수 있게 도와줍니다. 다른 학년이 되어보는 상상을 하며 학교에 대한 긍정적인 태도를 가질 수도 있습니다. "왜 그렇게 생각했어?", "다른 학년에서는 무엇을 가장 하고 싶어?" 등의 질문으로 아이들의 사고력을 확장해 주세요.

이렇게 해 볼까?

만약 네가 원하는 학년이 되면 어떤 일이 벌어질까? 그 학년이 되면 가장 먼저 무엇을 해 보고 싶니? 우리 함께 즐겁게 상상해 보자!

한 줄 반짝이는 생각

저는

을/를 하고 싶어요.

들으면 기분 좋아지는 말이 있어?

- ☐ ☐ 오늘 급식 반찬으로 좋아하는 음식이 나온다는 말이요.
- ☐ ☐ 친구가 같이 놀자고 할 때 기분이 좋아져요.
- ☐ ☐ 엄마 아빠나 선생님께서 사랑한다고 말해줄때 기분이 좋아져요.

선생님의 제안

아이들은 사소한 일에도 금세 기분이 좋아지기도, 나빠지기도 합니다. 평소에 들으면 기분 좋아지는 말을 묻고 함께 이야기 나누어 보세요. 기분 좋은 말을 잘 떠올리지 못하는 아이에게는 "신나.", "사랑해.", "설레어." 등과 같이 엄마아빠가 먼저 예시를 주면 좋습니다. 기분이 좋아지는 이야기로 하루를 시작하고 마무리하며 행복한 하루를 선물할 수 있습니다.

이렇게 해 볼까?

엄마아빠는 네가 "엄마아빠가 해준 요리가 가장 맛있어요."라고 말할 때 가장 기분이 좋고 행복해. 너는 어떤 이야기를 들으면 기분이 좋아지니?

한 줄 반짝이는 생각

저는

_____

(이)라는 말을 들으면 기분이 좋아져요.

금요일
•창의력•

만약 딱 하루 동안 반을 바꿀 수 있다면 몇 반으로 가보고 싶어?

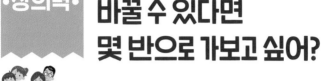

☐ ☐ 저는 우리 반이 제일 좋아요. 그래서 반을 안 바꾸고 싶어요.

☐ ☐ 친한 친구가 있는 옆 반으로 가고 싶어요.

☐ ☐ 밥을 가장 빨리 먹으러 가는 1반으로 갈래요.

선생님의 제안

이 질문을 통해 현재 학급에서 느끼는 감정이나 만족감도 알 수 있어요. 다른 학급에 대해 동경하거나 호기심을 갖는 것은 자연스러운 일입니다. 아이에게 이유를 물어보고 함께 대화를 나눠보세요.

이렇게 해 볼까?

우리 반이 다른 반보다 잘하는 것을 떠올려볼까? 우리 반 자랑 대회에 나간다면 무엇을 자랑하고 싶어?

한 줄 반짝이는 생각

우리 반이 좋은 이유는

입니다.

격려와 칭찬을 잘하는 방법

아이에게 칭찬은 어떤 보상보다도 큰 힘이 됩니다. 자신이 이루고 해낸 것에 대한 자부심을 갖게 되고, 기쁨을 느낄 수 있기 때문입니다. 그렇지만 잘못된 칭찬이나 너무 과한 칭찬은 오히려 독이 되기도 합니다. 아이의 성장을 돕는 칭찬, 어떻게 할 수 있을까요?

가장 중요한 것은 지능이나 능력을 칭찬하기보다는 과정과 노력을 구체적으로 짚어 주는 것입니다. 성적이나 실력을 칭찬하는 것은 특정 목표를 달성하지 못했거나 누군가에게 뒤쳐질 때 오히려 아이에게 무력감을 주기도 합니다. 또 다음에도 잘해야 한다는 압박감이나 걱정을 불러일으키기도 합니다.

'잘했어!' 보다는 '열심히 노력했구나', '그걸 해내기 위해 열심히 한 네가 대견해!'라고 칭찬해 주세요. 이렇게 과정을 칭찬하게 되면 아이는 심리적 만족감을 느끼는 것과 더불어 우리 부모님이 언제나 나에게 관심과 사랑을 보인다는 점을 느끼게 됩니다.

예시 "그림 잘 그렸네." → "하늘 꽃, 엄마를 그렸구나. 열심을 다해 그린 그림을 보니 마음이 따뜻해져."

예시 "책을 많이 읽었네, 잘했어." → "좋아하는 책을 많이 읽으려고 노력해서 아빠가 정말 흐뭇해."

실패를 격려해 주세요. 잘한 일만 칭찬하는 경우 아이들은 도전하기보다는 늘 하던 것을 하려는 모습을 보입니다. 오히려 실패와 도전에 대한 칭찬은 도전에 대한 두려움을 낮출 수 있습니다.

무엇보다 스킨십과 함께 칭찬해 주세요. 바쁜 엄마와 아빠는 아이를 칭찬할 때 눈을 맞추지 않거나 할 일을 하면서 말로만 칭찬하는 경우가 있습니다. 손을 꼭 잡거나 눈을 마주치며 웃어주는 것, 머리를 쓰다듬어 주는 것처럼 작은 행동이 아이에게는 큰 의미가 되며 부모와의 유대감을 높이는 데 도움이 됩니다.

내일 학교에 입고 갈 옷을 함께 골라 볼까?

☐ ☐ 내일은 운동장에 나가니까 편한 바지를 입을래요.

☐ ☐ 제가 좋아하는 캐릭터 옷을 입고 싶어요.

☐ ☐ 얼마 전에 새로 산 옷을 입고 친구들에게 자랑할래요.

선생님의 제안

옷차림에 확고한 주관이 있는 아이가 있는 반면, 옷에 전혀 관심이 없어 부모님이 챙겨주는 대로 입는 아이도 있습니다. 특정한 옷을 입고 싶어 고집을 부리거나 어떤 옷을 입어야 할지 잘 알지 못하는 경우에는 날씨나 학교 활동에 맞는 옷을 입을 수 있도록 안내해 주세요.

이렇게 해 볼까?

화요일은 체육관에 가는 날이니 편한 옷과 편한 신발을 챙겨야 해. 내일은 비가 온다는데 어떤 옷차림을 하면 감기에 걸리지 않고 옷이 젖지 않을까? 스스로 생각해 보고 내일 입을 옷을 준비해 보자.

한 줄 반짝이는 생각

내일은

옷을 입고 갈래요.

화요일
•창의력•

어른이 되면 꼭
해 보고 싶은 일이 있어?

- [ ] [ ] 엄마아빠처럼 밤 늦게까지 안 자고 텔레비전을 보고 싶어요.
- [ ] [ ] 여러 나라를 여행해 보고 싶어요.
- [ ] [ ] 돈을 많이 벌어서 사고 싶은 것을 마음껏 사고 싶어요.

선생님의 제안

어른의 모습을 상상하며 아이는 자연스레 부모의 모습을 어른이 된 자신의 모습에 투영하게 됩니다. 다소 엉뚱하거나 솔직한 답변을 듣고 놀라기보다는 왜 그런 생각을 했는지 이야기하며 대화를 이어나가 보세요.

이렇게 해 볼까?

어린이만 할 수 있는 일은 무엇이 있을까? 어린이라서 좋은 점은 무엇일까?

한 줄 반짝이는 생각

어른이 되면

을/를 해 보고 싶어요.

어른들이 먹는 것 중 먹어 보고 싶은 게 있어?

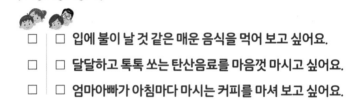

☐ ☐ 입에 불이 날 것 같은 매운 음식을 먹어 보고 싶어요.

☐ ☐ 달달하고 톡톡 쏘는 탄산음료를 마음껏 마시고 싶어요.

☐ ☐ 엄마아빠가 아침마다 마시는 커피를 마셔 보고 싶어요.

선생님의 제안

아이는 엄마아빠가 먹는 것을 먹어 보고 싶어합니다. "나도 어른이 되면 먹을 수 있어?"라고 묻곤 합니다. 자기가 컸다는 걸 남에게 보여줄 때 "저 매운 것도 먹어요" 자랑스럽게 이야기합니다. 아마도 우리 아이가 생각하는 어른은, 마음껏 먹고 싶은 음식을 먹는 모습일지도 모릅니다.

이렇게 해 볼까?

여러 음식 중 엄마아빠가 먹지 말라고 하는 음식이 있지? 너의 건강을 생각하기 때문이야. 음식을 골고루 먹으면 쑥쑥 키가 크고 뼈가 튼튼해져. 무엇보다 편식을 했을 때처럼 이가 쉽게 썩거나 살이 찌지도 않지. 면역력이 좋아져서 감기 같은 잔병치레도 하지 않으니까, 마음껏 뛰어놀 수도 있어!

한 줄 반짝이는 생각

내가 어른이 되면

먹어 볼 거예요.

목요일
•자존감•

도움을 필요로 하는 친구를 어떻게 도울 수 있을까?

- ☐ | ☐ 친구가 가위질을 어려워할 때 도와줄 수 있어요.
- ☐ | ☐ 친구가 종이접기 하는 것을 도와준 적이 있어요.
- ☐ | ☐ 친구가 정리정돈을 잘하게 해 줄 수 있어요.

선생님의 제안

이 질문을 통해 아이가 다른 친구에게 얼마나 호의를 베푸는지 알아보는 것도 중요하지만, 이 질문을 통해 친구와 서로 도우며 생활해야 한다는 것을 자연스럽게 알고, 어떤 방법으로 친구를 도울 수 있는지 고민해 볼 수 있습니다. 도움을 필요로 하는 친구를 어떻게 도와줄 수 있는지, 어떤 도움을 주기를 원하는지 이야기 나누어 주세요.

이렇게 해 볼까?

친구에게 도움을 받을 때도 있고, 네가 도와줄 때도 있지? 가장 자신 있게 다른 친구를 도와줄 수 있는 일은 어떤 거야? 자신감 있게 도와줄 때 너는 어떤 마음이 드니?

한 줄 반짝이는 생각

나는 친구가

_____

하는 것을 도와줄 수 있어요.

책상에 앉아서 몇 분 정도 공부할 수 있어?

☐ ☐ 1,000분 넘게 앉아 있을 수 있어요.

☐ ☐ 수업 시간만큼 앉아 있을 수 있어요.

☐ ☐ 책상에 앉아 있기 힘들어요.

선생님의 제안

책상에 앉아 오랜 시간 공부하는 것은 쉽지 않습니다. 저학년인 경우 수업 시간 40분 동안 가만히 앉아 수업을 듣기는 어렵습니다. 우리 아이가 자신 있게 앉아 있을 수 있다고 말하는 시간 동안 책상에 앉아 있을 수 있는지 확인해 보고, 책상에 앉아 있는 시간을 조금씩 늘려가자고 이야기해 보는 것이 좋습니다.

이렇게 해 볼까?

같이 책 한 권을 읽어 볼까? 책을 읽은 시간이 몇 분 정도인 것 같아? 그럼 앞으로 혼자 책을 읽는다면 하루에 몇 분 동안 읽을 수 있겠니?

한 줄 반짝이는 생각

올해 목표는 책상에 앉아서

동안 책 읽기입니다.

아이의 지나친 외모 관심, 어떻게 지도해야 할까요?

미디어 콘텐츠에 지속적으로 노출되는 요즘 아이들은 부쩍 겉모습을 가꾸는 데 많은 관심을 가집니다. 자신의 모습에 만족하지 못해 자신감을 잃는 모습도 종종 보입니다. 교우관계를 만들어가는 초등학교 시기에는 외적인 모습이나 꾸밈의 정도가 또래관계 맺기에 영향을 미치기도 합니다. 자신의 외적인 모습을 확인하고 가꾸는 것은 자연스러운 것으로 볼 수도 있지만, 지나친 관심은 오히려 부정적인 영향을 미칠 수 있습니다. 아이가 지나치게 외모에 관심을 갖는다면 이렇게 지도해 보세요.

1. 미디어 노출을 최소화하기

많은 전문가가 미디어 매체가 외모에 대한 관심을 높인다고 이야기합니다. 영상이나 TV를 보는 시간을 줄이고 다른 것에 관심을 가질 수 있도록 다양한 활동을 함께해 주세요.

2. 있는 그대로의 모습 칭찬하기

외모에 대한 지나친 집착은 올바른 자아상 형성에 부정적인 영향을 줍니다. 아이가 자신의 마음, 성격, 재능을 스스로 칭찬하며 내면의 가치를 알 수 있도록 도와주세요. 외모가 아닌 성격, 행동, 능력 등을 하나하나 짚어주며 어떤 모습이든지 그 모습 그대로가 괜찮다고 자연스럽게 칭찬해 주세요.

3. 대화로 공감하기

무조건 외모에 관심을 갖지 말라고 하거나 혼내는 것은 오히려 악영향을 미칩니다. 아이가 특별히 외모에 신경 쓰는 이유가 있는지 물어봐 주세요. 신체에 갖는 관심을 청결, 자기주변 관리로 화두를 옮기며 자신을 가꾸고 싶은 마음을 충족시켜 주시는 것도 좋습니다.

쉬는 시간이 되면 제일 먼저 하는 일이 뭐야?

□ □ 교과서를 정리하고 다음 시간 교과서를 준비해요.

□ □ 쉬는 시간에 옆 반 친구와 복도에 나가서 놀아요.

□ □ 쉬는 시간 종이 치면 화장실에 먼저 가요.

선생님의 제안

쉬는 시간은 대부분 10분입니다. 수업 사이 10분의 쉬는 시간은 친구와 노는 시간이라기보다는 다음 수업을 준비하는 시간입니다. 다음 시간을 준비하는 습관을 기르는 것이 중요합니다.

이렇게 해 볼까?

쉬는 시간이 되면 책상 주변을 정리하고 화장실에 다녀오는 습관을 가져 볼까?

한 줄 반짝이는 생각

쉬는 시간 종이 치면

해요.

하루에 양치는 얼마나 자주 해야 할까?

- ☐ ☐ 양치를 하고 싶은 마음이 들 때 해요.
- ☐ ☐ 밥을 먹으면 양치를 해요.
- ☐ ☐ 아침에 일어났을 때랑 자기 전에 양치해요.

선생님의 제안

가끔 양치를 하지 못하고 등교하는 아이들이 있습니다. 아침에 늦게 일어나서 양치를 하지 못하는 경우도 있지만 양치 습관이 제대로 잡히지 않은 아이들도 있습니다. 아직 영구치 이전의 유치이더라도 치아 관리는 필요합니다. 아이의 건강한 치아 관리를 위해 치아 관리 방법과 중요성을 알려주세요.

이렇게 해 볼까?

양치질도 중요하지만 하루에 한 번은 꼭 치실로 어금니 사이와 앞니 사이를 닦아줘야 해. 아무리 불편해도 튼튼하고 건강한 치아를 위해서 꼭 해야 하는 일이라고 생각하자.

한 줄 반짝이는 생각

아무리 불편하고 귀찮아도

....

할 거예요.

타임머신이 생긴다면 과거로 가고 싶어, 미래로 가고 싶어?

- ☐ ☐ 유치원 때로 가서 공부를 조금만 하고 싶어요.
- ☐ ☐ 얼른 어른이 되어서 돈을 많이 벌 거예요.
- ☐ ☐ 둘 다 가 보고 싶어서 결정하기 어려워요.

선생님의 제안

시간여행은 아이들의 창의력을 자극할 수 있는 단골 소재 중 하나입니다. 과거나 미래로 간 후에는 어떻게 하고 싶은지 묻는 열린 질문으로 아이의 의견 표현을 도울 수 있고, "왜 그렇게 생각했어?" 물으면서 논리적인 사고력을 키울 수 있습니다.

이렇게 해 볼까?

시간여행을 떠난다면 언제 어디로 가고 싶니? 그 이유는 뭐야? 가서 무엇을 하고 싶어? 누구와 함께 가고 싶니?

한 줄 반짝이는 생각

타임머신이 생긴다면 저는

로 가고 싶어요.

목요일 •생활•

학교가 너무 춥지는 않아?

- ☐ ☐ 너무 더워서 겉옷을 벗어놓고 놀 때가 많아요.
- ☐ ☐ 수업을 듣다 보면 조금 추워져요.
- ☐ ☐ 더울 때도 있고 추울 때도 있어요. 그때그때 달라요.

선생님의 제안

학교에서는 실내의 온도를 항상 적정하게 유지하지만 아이에 따라 덥거나 춥다고 느낄 때가 있습니다. 특히 냉방기나 난방기를 가동하는 여름과 겨울에 이를 호소하는 아이들이 많습니다. 더울 때는 겉옷을 벗어 바르게 걸어두고, 추울 때는 얇은 겉옷을 입을 수 있도록 챙겨주세요.

이렇게 해 볼까?

학교에서 덥거나 추울 때, 체육 활동을 하다가 더워졌을 때, 겉옷을 신경 써서 챙기지 않으면 잃어버리기 쉬워. 깜박하고 잃어버린 후에는 정작 필요한 순간에 감기에 걸릴 수 있으니까, 잃어버리지 않도록 주의하자.

한 줄 반짝이는 생각

요즘 학교의 온도는

해요.

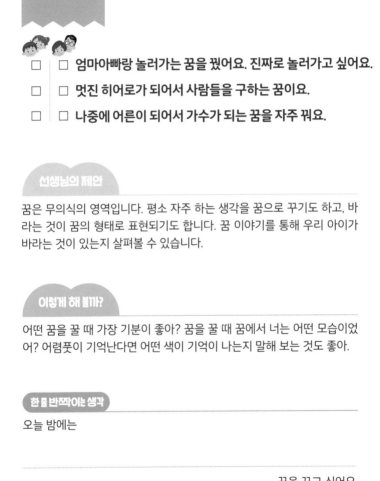

금요일
•창의력•

요즘 잠을 자며 어떤 꿈을 꿨어?

- ☐ ☐ **엄마아빠랑 놀러가는 꿈을 꿨어요. 진짜로 놀러가고 싶어요.**
- ☐ ☐ **멋진 히어로가 되어서 사람들을 구하는 꿈이요.**
- ☐ ☐ **나중에 어른이 되어서 가수가 되는 꿈을 자주 꿔요.**

선생님의 제안

꿈은 무의식의 영역입니다. 평소 자주 하는 생각을 꿈으로 꾸기도 하고, 바라는 것이 꿈의 형태로 표현되기도 합니다. 꿈 이야기를 통해 우리 아이가 바라는 것이 있는지 살펴볼 수 있습니다.

이렇게 해 볼까?

어떤 꿈을 꿀 때 가장 기분이 좋아? 꿈을 꿀 때 꿈에서 너는 어떤 모습이었어? 어렴풋이 기억난다면 어떤 색이 기억이 나는지 말해 보는 것도 좋아.

한 줄 반짝이는 생각

오늘 밤에는

꿈을 꾸고 싶어요.

스스로 숙제할 수 있도록 도와주는 방법

초등학교에 입학하면서 아이가 해야 할 일이 부쩍 늘어납니다. 특히 학교 수업을 따라가다 보면 학교에서 다 마무리하지 못한 과제를 받아오기도 하고, 책 읽고 글을 쓰거나, 노래를 연습하는 등 수업 진도에 맞는 숙제를 해야 하는 상황도 마주합니다. 언제나 엄마가 옆에서 숙제를 도와줄 수는 없기에 아이가 스스로 숙제를 해결하는 힘을 기를 수 있도록 도와주셔야 합니다.

1. 할 일과 장소를 루틴화하기: 가장 먼저 집에 돌아오면 알림장을 꺼내 부모님께 보여드려야 합니다.

2. 스스로 하기: 부족해도 혼자 힘으로 하게 해주세요. 아이가 숙제를 하다가 질문을 할 경우 바로 답해 주기보다는 아이와 해결 방법을 함께 고민하는 것이 좋습니다. 또한 숙제에 집중하지 못하고 딴짓을 하거나 결과물이 흡족하지 않아 답답한 마음에 숙제 전부를 대신 해 주는 경우 아이들의 학습능력 향상에 부정적인 영향을 끼치며, 숙제에 대한 책임감을 배우기 어렵습니다.

3. 지적하지 않기: 완성도나 글씨체 등을 지적하기보다는 스스로 숙제를 할 준비가 되었고 노력을 하고 있다는 점에 집중해 주세요. 너무 많은 지적은 아이의 의지를 떨어뜨립니다. 저학년 아이들에게 책상 앞에 앉아 있는 것은 당연히 어려운 일입니다. 저학년 시기는 숙제를 살피고 해결해 보려고 노력하는 힘을 기르기 위한 때라는 것을 기억해 주세요.

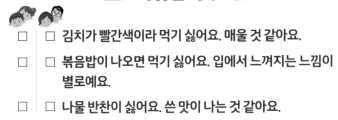

월요일
•생활•

급식에 나오면 먹기 힘든 음식이 있니? 그 이유는 뭐야?

☐ ☐ **김치가 빨간색이라 먹기 싫어요. 매울 것 같아요.**

☐ ☐ **볶음밥이 나오면 먹기 싫어요. 입에서 느껴지는 느낌이 별로예요.**

☐ ☐ **나물 반찬이 싫어요. 쓴 맛이 나는 것 같아요.**

선생님의 제안

집에서 잘 먹다가도 급식으로 나오면 낯설게 느껴져 먹기 싫어하는 경우가 종종 있습니다. 싫어하는 메뉴나 먹기 힘든 음식 이야기는 아이의 식습관을 확인하는 기회가 됩니다. 먹기 힘든 음식을 무조건 먹어 보라고 권하기보다는 왜 먹기가 힘든지 물어 보는 것이 좋습니다.

이렇게 해 볼까?

급실을 먹을 때 좋아하는 반찬만 먹을 수는 없겠지? 급식에는 처음 먹어보는 다양한 메뉴들이 나오니까 새로운 경험을 한다고 생각하면 어떨까?

한 줄 반짝이는 생각

급식에 나오는 음식 중

은/는 먹기가 힘들어요.

나만의 사물함 정리 방법이 있다면 알려줄래?

- ☐ ☐ 교과서가 제일 많으니까 교과서부터 정리해요.
- ☐ ☐ 사물함에 들어 있는 물건 중에서 큰 물건부터 정리해요.
- ☐ ☐ 정리를 안 해 봐서 잘 모르겠어요.

선생님의 제안

부모님이 우리 아이의 사물함을 직접 보기 어렵기 때문에 함께 정리하는 습관을 만들기 힘들 수 있습니다. 그럴 때는 집에 있는 책장이나 서랍을 같이 정리하면서 물건을 정리하는 방법을 알려주세요.

이렇게 해 볼까?

책장의 책을 크기별로 정리한 것처럼 사물함의 교과서도 큰 책부터 정리하는 것이 좋지. 일주일에 몇 번 정도 정리하면 좋을까? 만약 정리를 안 하는 친구가 있거나 어려움을 겪는 친구가 있다면 어떻게 도와줄 수 있을까?

한 줄 반짝이는 생각

사물함 정리하기 첫 번째 단계는

입니다.

밥을 맛있게 먹는 너만의 방법이 있어?

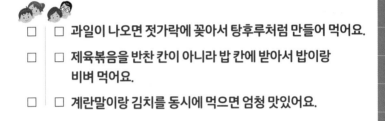

- ☐ ☐ 과일이 나오면 젓가락에 꽂아서 탕후루처럼 만들어 먹어요.
- ☐ ☐ 제육볶음을 반찬 칸이 아니라 밥 칸에 받아서 밥이랑 비벼 먹어요.
- ☐ ☐ 계란말이랑 김치를 동시에 먹으면 엄청 맛있어요.

선생님의 제안

종종 창의적이고 재미있는 방법으로 식사를 하는 아이들이 있습니다. 자신만의 노하우가 없는 아이들은 부모님의 학창시절 이야기를 들려주며 급식에 긍정적인 경험을 형성해 줄 수 있습니다. 그러나 밥을 맛있게 먹는 방법이 너무 과하거나 식사 예절에 어긋난다면 가정의 지도가 필요합니다. 학교에서 급식을 먹을 때 어떤 모습인지 확인한 후 올바른 식사태도에 대해서 같이 이야기 나누어 주세요.

이렇게 해 볼까?

엄마는 미역국 국물에 밥을 말아먹는 것이 정말 좋아서 늘 미역국이 나오기를 기다렸단다. 너는 어떤 반찬이 나오면 기대가 되니?

한 줄 반짝이는 생각

저는

먹는 것이 맛있어요.

실내화가 작거나 커서 불편하지는 않아?

- ☐ ☐ 저는 지금 실내화가 딱 맞고 좋아요.
- ☐ ☐ 실내화가 조금 작아져서 발이 아파요.
- ☐ ☐ 자꾸만 실내화가 벗겨져서 불편해요.

선생님의 제안

실내화를 학교에 한 번 가지고 오면 보통 방학 전까지 학교에 두고 신는 경우가 많습니다. 그러나 한참 자라나는 아이의 특성상 사이즈가 작아지거나, 생활하는 동안 실내화가 찢어지고 많이 더러워질 때도 있습니다. 가정에서 한번씩 물어보고 챙겨주세요. 또 한 달에 한 번씩은 실내화를 집으로 챙겨와 세탁해서 신는 것이 좋습니다. 아이가 직접 세탁해 보면 책임감을 기르고 자기 물건을 아끼는 태도를 가질 수 있습니다.

이렇게 해 볼까?

실내화 크기가 맞지 않거나 망가지지는 않았니? 내일은 집에 올 때 실내화를 한 번 가지고 와 보렴. 엄마와 함께 깨끗하게 빨아 보자.

한 줄 반짝이는 생각

제 실내화는 지금

해요.

여름방학과 겨울방학 중 더 좋은 것은 언제니?

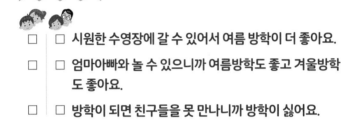

- □ □ 시원한 수영장에 갈 수 있어서 여름 방학이 더 좋아요.
- □ □ 엄마아빠와 놀 수 있으니까 여름방학도 좋고 겨울방학 도 좋아요.
- □ □ 방학이 되면 친구들을 못 만나니까 방학이 싫어요.

선생님의 제안

부모님이 먼저 자신의 어린 시절 방학 경험을 재미있게 들려주시면 어떨까요? 방학은 학교 밖에서 가족들과 의미 있는 시간을 보내는 기간이기 때문에 계절 활동과 더불어 방학 때에만 할 수 있는 소중한 활동들을 계획해 보시길 바랍니다.

이렇게 해 볼까?

엄마, 아빠는 어떤 방학을 보냈을 것 같아? 방학 때 우리 가족과 함께하고 싶은 게 있어?

한 줄 반짝이는 생각

이번 방학에 엄마아빠와 하고 싶은 일은

입니다.

자녀와 함께 '돌아보기와 습관 만들기'로 알찬 방학 보내기

방학은 긴 학교생활을 마치고 새로운 학기나 학년을 준비하는 휴식과 재충전의 시기입니다. 방학 중에 반드시 해야 할 것은 지난 학기를 돌아보고, 기초적인 자기주도 학습 습관을 만드는 것입니다.

먼저 지난 학기에 대한 이야기를 나누어 보는 것이 좋습니다. 지나간 일에 대한 대화에서 중요한 것은 아이를 심문하거나 판단하지 않는 것입니다. 많은 부모님이 대화할 시간이 많지 않기 때문에, 단순히 "1학기 어땠어?", "2학기에 뭐 했니?"와 같이 묻는 경우가 많습니다. 이러한 질문은 아이에게 뭔가를 해냈어야 한다는 부담감을 줄 수 있어 대화에 흥미를 잃게 할 수 있습니다. 솔직하게 이야기해도 엄마가 잘 들어준다는 느낌을 받을 수 있도록 판단 대신 공감을 해주세요.

다음으로 자기주도 학습 습관을 기를 수 있도록 도와주세요. 많은 친구가 방학 때 생활 패턴이 무너지거나 목표 없이 시간을 흘려보내는 경우가 많습니다. 방학 동안 어떤 활동을 하느냐에 따라 다음 학기, 학년에서의 보람과 성취가 결정되기 때문에 방학을 알차게 보내도록 준비하고 노력하는 것이 중요합니다.

1. 매일 책 읽기: 매일 일정한 시간을 정해 책을 읽는 습관을 기르는 것은 집중력과 언어 능력 향상에 도움이 됩니다. 학년이 높아질수록 교과서에 제시되는 글의 수준이 높아지기 때문에, 짧은 글부터 긴 글 읽기, 글을 읽고 중요한 문장을 찾아보는 등 단계별로 수준을 높여가는 것도 좋습니다.

2. 일주일 단위의 작은 목표를 설정하여 꾸준히 실천하기: 자기관리 능력을 기르기 위해 가장 중요한 것은 습관을 만들어 보는 것입니다. 거창하지 않아도 매일 꾸준히 노력할 수 있는 습관을 만들어 보세요.

오늘 학교 생활 점수를 100점 만점으로 나타낸다면 몇 점이야?

- ☐ ☐ 선생님 말씀도 잘 듣고 급식도 골고루 먹었어요. 그래서 100점을 줄래요.
- ☐ ☐ 친구가 싫어하는 별명을 불러서 50점이에요.
- ☐ ☐ 친구들 앞에서 넘어져서 너무 창피했어요. 오늘 하루는 빵점이에요.

선생님의 제안

현재 학교 생활에 대한 만족도를 물어볼 수 있어요. 학교 생활을 만족하는 이유, 만족하지 못하는 이유를 나눌 수 있어요. "요즘 학교 어때?"라는 질문보다는 점수나 별의 개수 등으로 물어보는 것이 더 좋습니다.

이렇게 해 볼까?

언제나 100점짜리 학교생활이라면 정말 좋겠지만, 가끔씩 안 좋은 일이 생기기도 하지. 그럴 때 너무 속상해하지 말고 좋았던 일을 떠올리면 기분이 좋아질 거야. 작은 일은 그냥 작게 생각하자!

한 줄 반짝이는 생각

내일은 100점짜리 학교생활을 하기 위해

⋯⋯⋯

을/를 할래요.

학교에서 누군가를 도와준 경험이 있어?

☐ ☐ 친구에게 학용품을 빌려줬어요.

☐ ☐ 선생님이 부탁하신 일을 도와드렸어요.

☐ ☐ 도와준 적은 없지만 친구한테 도움을 받아서 고마웠던 적이 있어요.

선생님의 제안

누군가를 도와준 경험은 책임감과 자신감을 높이는 데 긍정적인 영향을 미칩니다. 사소한 일이라도 누군가를 도운 경험을 이야기한다면 듬뿍 칭찬해 주세요. 단 단순히 칭찬을 받기 위해서가 아니라, 다른 사람이 도움이 필요할 때 다가가는 것이 진정한 '친절'이라는 것을 이야기해 주세요.

이렇게 해 볼까?

누군가를 도와준 후 마음이 어땠어? 고맙다는 인사를 들었을 때는? 정말 멋져. 너의 도움이 큰 힘이 되었을 거야.

한 줄 반짝이는 생각

누군가를 도와주는 것은

같아요.

지금 제일 가까워지고 싶은 친구가 있니?

☐ ☐ 오늘 자리를 바꿨는데 새 짝꿍이랑 친해지고 싶어요.

☐ ☐ 아직 잘 모르는 친구들과 더욱 친해지고 싶어요.

☐ ☐ 단짝 친구랑 더 가까워지고 싶어요.

선생님의 제안

친해지고 싶은 친구가 있다면 어떤 점에서 그 친구에게 유대감을 느끼는지 물어봐 주세요. 가까워지고 싶은 친구가 없다면 혹시 친구를 사귀는 데 어려움을 겪는 것이 아닌지 알아볼 필요가 있습니다.

이렇게 해 볼까?

주변에 가까운 친구가 없는 친구를 본다면 먼저 말을 건네 주면 그 친구는 너에게 고마울 거야.

한 줄 반짝이는 생각

친해지고 싶은 친구에게 내일

라고 말할래요.

목요일
•관계•

어떤 친구와 가까이 지내고 싶지 않아? 그 이유는 뭐야?

- ☐ ☐ 모둠활동을 할 때 방해하는 친구요.
- ☐ ☐ 수업 시간과 쉬는 시간에 장난치는 친구요.
- ☐ ☐ 친구들과 놀 때 자기 마음대로만 하려는 친구요.

선생님의 제안

우리 아이가 모든 친구와 잘 지냈으면 좋겠지만, 단체 생활을 하다 보면 나와 잘 안 맞는 친구가 있기 마련입니다. 나와 잘 안 맞는 친구와 억지로 잘지내려고 할 필요는 없지만, 다른 성향의 친구와도 단체생활을 해야 하기 때문에 나와 맞지 않는 아이와 어떻게 지내면 좋을지 조언해 주세요.

이렇게 해 볼까?

모든 친구랑 가깝게 지내기는 쉽지 않아. 하지만 그렇다고 친구를 미워하지는 마. 아직 너와 가깝게 지낼 준비가 안되어 있어서 그럴 수 있거든. 그친구가 너와 친해질 준비가 될 때까지 조금만 더 기다려 주자.

한 줄 반짝이는 생각

내가 친해지고 싶은 친구는

입니다.

금요일
•창의력•

우리 반을 색깔로 표현한다면 어떤 색깔이야?

- ☐ ☐ 알록달록 무지개 색이요.
- ☐ ☐ 우리반 친구들은 하늘 색깔 같아요. 하늘 색깔처럼 계속 바뀌어요.
- ☐ ☐ 우리 반 티셔츠 색깔인 노랑으로 할래요.

선생님의 제안

사람마다 색을 바라보는 생각은 다를 수 있지만 그 색에게 인상을 받게 마련입니다. 어떤 색을 선택했느냐보다는 그 색을 선택한 이유에 대해 더 귀기울여 보세요. 또 선생님, 친한 친구에게 어울리는 색을 떠올려 보아도 좋습니다.

이렇게 해 볼까?

노란색 하면 생각나는 친구는 누구야? 빨간색은 누구에게 잘 어울려? 서로 다른 색깔의 친구들이 모여 더 아름다운 색을 만들 수 있어.

한 줄 반짝이는 생각

우리 반 친구들은

색입니다.

아이의 진로,
어떻게 지도해 줄 수 있나요?

학부모는 자녀가 행복한 꿈을 꾸게 하고, 자신이 하고 싶은 것을 찾을 수 있도록 도와주어야 합니다. 저학년 시기의 자녀가 자신을 이해하고 진로에 호기심을 갖도록 가정에서 다음과 같이 지도해 보세요.

첫째, 자기를 이해하게 해 주세요.

진로를 고민하고 꿈을 꾸기 위해서는 나에 대한 이해가 있어야 합니다. 무엇을 좋아하는지, 어떤 성격인지, 어떤 재능이 있고, 어떤 활동을 좋아하는지, 장점은 무엇인지 이해하면 관심사를 찾기 수월해집니다.

둘째, 간접 경험을 할 수 있도록 도와주세요.

세상에는 다양한 역할이 있으며 진로세계도 넓습니다. 아이들이 관심있는 역할을 간접적으로 체험할 수 있는 기회를 제공해 주시는 것이 좋습니다. 아이들은 경험한 만큼 배우고 자라게 됩니다. 미술관 견학이나 지역 봉사단체 체험, 도서관 이용 등 다양한 경험을 통해 아이의 세상을 더 넓혀 주세요. 책을 좋아해서 도서관에서 일하고 싶어 하는 아이와는 함께 도서관에 방문해서, 도서관 안팎에서 일하는 사람들을 관찰해 보세요.

셋째, 직업보다는 구체적인 미래 모습을 꿈꾸게 해 주세요.

진로에 대한 선입견은 진로의 답이 구체적인 명사(직업)로 표현되어야 한다는 것입니다. 특정 직업보다는 형용사나 동사로 자신의 꿈을 표현하고 꿈꾸게 해 주세요. 예를 들어 과학자라고 이야기하기보다는 '사람의 생명을 연구하는 사람', 가수라고 이야기하기보다는 '많은 사람 앞에서 행복하게 노래하는 사람'처럼 구체적인 모습으로 표현하게 하는 것이 좋습니다.

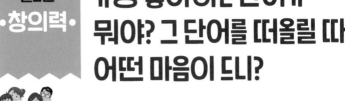

월요일
•창의력•

가장 좋아하는 단어가 뭐야? 그 단어를 떠올릴 때 어떤 마음이 되니?

- ☐ ☐ 나를 좋아해 주는 마음이 느껴지는 "고마워."라는 말이 가장 좋아요.
- ☐ ☐ 치킨이요. 생각만 해도 군침이 돌고 행복해져요.
- ☐ ☐ 천재요! 다른 사람들이 저를 그렇게 불러주면 좋겠어요.

선생님의 제안

단순히 좋아하는 단어를 묻고 끝내는 것이 아니라 좋아하는 단어와 관련된 이야기를 풀어 나가 보세요. 아이들이 그 단어를 언제 들어봤고, 언제 들었으면 좋겠는지 등 이야기를 다양하게 해 볼 수 있습니다.

이렇게 해 볼까?

그 단어를 가장 최근에는 언제 들어봤어? 그 단어와 관련된 기분 좋은 이야기가 있니? 가장 좋아하는 단어를 마음에 간직하면 하루하루를 기분 좋게 지낼 수 있어.

한 줄 반짝이는 생각

내가 좋아하는 단어는

입니다.

책가방 안에 뭐가 들어 있어?

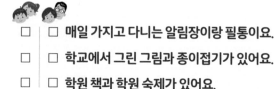

- [ ] [ ] 매일 가지고 다니는 알림장이랑 필통이요.
- [ ] [ ] 학교에서 그린 그림과 종이접기가 있어요.
- [ ] [ ] 학원 책과 학원 숙제가 있어요.

선생님의 제안

질문 후 직접 가방을 열어보며 대화를 이어 나갈 수 있습니다. 이때 부모님이 아닌 아이가 직접 가방을 가져오고 자신이 물건을 꺼내 보여줄 수 있도록 해 주세요. 부모님께 검사받는다는 느낌이 들지 않는 것이 중요합니다.

이렇게 해 볼까?

가방 안에 무엇이 있는지 알고 있다면, 숙제가 무엇인지 준비물은 무엇이 필요한지 놓치지 않게 될 수 있어.

한 줄 반짝이는 생각

매일 책가방에 잊지 않고 넣어 다니는 물건은

입니다.

최근에 친구에게 도움을 받은 적이 있니? 있다면 어떤 도움이야?

☐ ☐ 그림을 잘 못 그려서 힘들었는데 친구가 색칠을 도와줬어요.

☐ ☐ 필통을 바닥에 떨어트렸는데 친구가 주워줬어요.

☐ ☐ 운동장에서 놀다가 다쳤는데 친구가 보건실에 같이 가줬어요.

선생님의 제안

학교라는 공동체 공간 속에서 아이들은 많은 걸 배웁니다. 친구의 말과 행동은 우리 아이에게 영향을 줍니다. 그중 친구가 나를 도와준 기억은 오랜 시간 기억에 남습니다. 내가 받은 도움을 돌려주는 아이로 성장하는 것은 매우 중요합니다.

이렇게 해 볼까?

친구가 도와줬을 때 기분이 어땠어? 나중에 친구가 도움이 필요할 때 도와줄 수 있겠어? 친구가 도움이 필요할 때 먼저 다가가 도와줄까? 말을 한 번 해 보는 건 어때?

한 줄 반짝이는 생각

최근에 가장 고마웠던 친구는

_____

입니다.

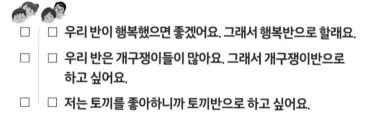

목요일
•관계•

우리 반에 이름을 붙인다면 어떤 이름을 붙이고 싶어? 그 이유는 뭐야?

- ☐ ☐ 우리 반이 행복했으면 좋겠어요. 그래서 행복반으로 할래요.
- ☐ ☐ 우리 반은 개구쟁이들이 많아요. 그래서 개구쟁이반으로 하고 싶어요.
- ☐ ☐ 저는 토끼를 좋아하니까 토끼반으로 하고 싶어요.

선생님의 제안

교실은 아이가 학교에서 친구들과 만나 생활하는 작은 세상입니다. 반에 이름을 붙이는 활동으로 아이가 자신의 학급을 어떻게 느끼는지 알 수 있습니다. 또, 반의 분위기나 특성을 떠올리며 이름을 붙여보는 활동을 통해 내가 속한 학급에 대한 소속감과 애착심을 느낄 수 있습니다.

이렇게 해 볼까?

우리 반 친구들이 좋아하는 것은 무엇일까? 우리 반만의 특별한 특징이나 자랑거리가 있어? 네가 원하는 우리 반의 모습은 뭐야?

한 줄 반짝이는 생각

우리 반 이름은

으로 하고 싶어요.

만약 우주 여행을 간다면 무엇을 해 보고 싶어?

☐ ☐ 외계인을 만나보고 싶어요. 외계인이 진짜 있는지 궁금해요.

☐ ☐ 우주복을 입고 둥둥 떠다니고 싶어요.

☐ ☐ 달에 가서 토끼가 진짜 있는지 만나 보고 싶어요.

선생님의 제안

우주 여행은 아이들의 상상력을 자극하는 단골 소재입니다. 우주의 많은 부분이 아직 미지의 부분으로 남아 있어 아이들이 상상을 펼칠 수 있는 많은 가능성이 있기 때문입니다. 우주 여행을 같이 가고 싶은 사람, 우주 여행을 가서 보고 싶은 것 등을 자유롭게 이야기 나누어 보세요.

이렇게 해 볼까?

외계인은 어떻게 생겼을 것 같아? 우주에 있으면 기분이 어떨 것 같니? 우주 여행을 하는 모습을 그림으로 나타내 볼까?

한 줄 반짝이는 생각

저는 우주 여행을 가면

을/를 하고 싶어요.

방학 중, 자녀의 신체 성장! 이렇게 도와주세요.

저학년 시기에는 신체 성장이 빠르게 진행됩니다. 건강하게 성장할 수 있도록 부모의 관심이 중요한 시기이도 합니다. 최근 환경의 변화 등으로 인해 성조숙증이 생겨 걱정되거나 저신장증 등 키에 대해 고민하는 부모님이 많이 계십니다. 자녀의 건강한 성장을 돕기 위해서 자녀와 함께 생활 규칙을 정하고 꾸준히 지킬 수 있도록 하는 것이 중요합니다.

1. 야식이나 군것질을 줄일 수 있도록 해주세요. 기름기가 많거나 열량이 높은 음식보다는 과일, 콩류 등의 신선한 음식을 섭취하는 것이 좋습니다. 지방세포에서 성조숙증을 자극하는 호르몬이 분비될 수 있기 때문에 먹는 것에 주의를 기울여야 합니다.

2. 규칙적으로 잘 수 있도록 해 주세요. 방학은 아이들이 늦게 자고 늦게 일어나는 꿈 같은 기간이기도 합니다. 아이의 성장 호르몬이 분비되는 시기에 맞추어 밤 9시~새벽 1시에 숙면을 취할 수 있도록 해 주세요. '무조건 9시에 자야 해!'라고 지시하기보다는 《밤에도 놀면 안 돼?》, 《왜 나만 자야 해요?》와 같은 그림책을 읽으며 일찍 자야 하는 이유를 스스로 납득할 수 있게 해 주시는 것이 좋습니다.

3. 자녀가 꾸준히 운동할 수 있도록 해 주세요. 대부분의 유산소 운동은 아이의 성장을 자극하고 건강한 신체를 유지하는 데 도움이 됩니다. 아이가 운동을 좋아하지 않는 경우 억지로 시키기보다는 가볍게 함께 산책하거나 춤추기 등 대체 활동을 시켜 주시는 것도 좋습니다.

방학은 시간적 여유가 있어 자녀의 성장을 꼼꼼히 살펴볼 수 있습니다. 이전과 비교했을 때 얼마큼 성장했는지, 신체뿐 아니라 마음은 얼마나 자랐는지 관심을 갖고 살펴봐 주세요.